12살 전에 돈과 친하게 하라

12살 전에 돈과 친하게 하라

초 판 1쇄 2023년 01월 20일
초 판 2쇄 2023년 02월 15일

지은이 한경아
펴낸이 류종렬

펴낸곳 미다스북스
총괄실장 명상완
책임편집 이다경
책임진행 김가영 신은서 임종익 박유진

등록 2001년 3월 21일 제2001-000040호
주소 서울시 마포구 양화로 133 서교타워 711호
전화 02) 322-7802~3
팩스 02) 6007-1845
블로그 http://blog.naver.com/midasbooks
전자주소 midasbooks@hanmail.net
페이스북 https://www.facebook.com/midasbooks425
인스타그램 https://www.instagram.com/midasbooks

ISBN 979-11-6910-135-6 03590

값 16,500원

내 아이 부자 만드는 비밀 노트

12살 전에 돈과 친하게 하라

한경아 지음

미다스북스

추천사

부모와 자녀가 동화로 경제를 배우는 놀라운 책

경제가 이리 쉬운 것이었나!

이 책을 펼치는 순간, 당신은 이미 부자가 되었다.

유 · 초등 자녀에게 경제를 어떻게 가르칠까 고민한다면

바로 이 책이다!

부자가 되고 싶은 부모라면 이 책을 집어라!

– 강은미, (주)한국인재경영교육원 대표

지금까지 읽은 경제교육서와 차별화된 책! 자녀의 경제교육, 이 책만 읽으면 됩니다. 사교육 대신 길어진 노후에 대비하라는 저자의 말이 인상적입니다. 아이의 행복한 미래와 부모의 든든한 노후를 책임지는 온 가족 인생 지침서입니다. 부모와 자녀가 동화로 경제를 배우는 책이며 부자 마인드에서 인성 교육까지 전인교육에 안성맞춤입니다.

– 박상재, (사)한국아동문학인협회장

돈 버는 노하우로 부자가 되고 싶은 사람의 갈증을 달래주는 책이 쏟아져나오고 있다. 하지만 이 책은 인생 전반을 하나의 사업으로 보고 자기 인생을 독립적으로 어떻게 영위할 것인지에 대해 큰 그림을 그리고 사업계획서를 작성하게 함으로써 재능과 적성을 찾아 행복한 아이로 성장하는 비결을 제시하고 있다. 돈을 벌어서 자신의 이익과 안위만을 위한 이기적인 부자가 아니라 타인의 아픔에 기꺼이 공감하면서 근본적인 대안 마련에 몸을 던지는 이타적 기업가가 되고 싶은 사람, 인성을 기반으로 재능을 발견함으로써 우리 사회를 이끌어갈 진정한 리더로서의 덕목을 어린 시절부터 몸으로 익혀 도전과 창의로 무장한 혁신적 기업가로 성장하고 싶은 아이에게 이 책은 곁에 두고 참고해야 될 필독서가 아닐 수 없다.

– 유영만, 지식생태학자, 한양대 교수, 『언어를 디자인하라』 저자

모든 부모의 마음은 자녀가 자신들보다 더 잘되기를 바랄것이다.

키도 공부도 돈도….

하지만 무엇을 어떻게 할까?

우왕좌왕할 때 아이들은 어느새 다 커버리고 만다.

여기에 누구든지 쉽게 시작할 수 있는

재밌고 강력한 경제교육 지침서가 나왔다.

이제는 머뭇거리지 말고 이 책과 함께 바로 시작하라.

후회하지 않을 것이다.

– 정문수, 경영학 박사, CFP(국제공인재무설계사)

초등학생에게 꼭 필요한 경제 정보들을 다양한 자료와 사례를 통해 실천 방법에 이르기까지 쉽고 재미있게 알려주는 초등학생 맞춤형 경제교육서다. 특히 책을 읽는 데 그치지 않고, 바로 실천할 수 있도록 친철하게 안내한다. 독자들의 마음에 깊이 공감하며 아이들을 누구보다 사랑하는 작가가 쓴 경제교육 지침서를 경제 초보 엄마들에게 적극 추천한다!

– 지선영, 서울백산초등학교 교감

프롤로그

평범한 아이 부자 만드는 가장 쉬운 경제 교육

2020년 3월로 기억한다. 뉴스에서 '씨젠' 회사 소식이 자주 들렸다. 연구실 선배가 다니는 회사라 익숙했다. PCR 검사와 진단 키트 수출로 주가(株價)가 올랐다는 내용이었다. 그전까지 주식이 뭔지도 몰랐다. 호기심은 있었지만 투자 방법을 몰랐다. '존 리' 대표의 책만 읽으며 관망하는 내 모습이 답답했던지 남편이 자꾸 놀렸다. "눈으로만 보면 뭐가 달라지나? 직접 투자 경험을 해봐야 배우지. 내 생각에 당신은 평생 주식 못해. 완벽하게 배워서 자신감이 생겨야 할 텐데 언제 가능하겠어?" 맞는 말이었다. 수긍하면서도 약이 올랐다. 그렇게 나의 주식 투자는 시작되었다. '씨젠'을 시작으로 투자를 제약 바이오 분야에 주력했다.

과연 평범한 사람이 부자가 될 수 있을까? 그렇다. 평범한 사람도 부자가 될 수 있다. 나는 '40대 부린이'다. '코로나 주린이'다. '아트테크'로 수익 자동화 시스템도 만들었다. 경제를 공부하며 차곡차곡 쌓은 지식으로 실전 경험을 늘려가는 중이다. 수익형 부동산으로 급여 이외의 새로운 파이프라인을 만들었다. 제약 바이오 관련 주식 투자로 30% 이상의 수익을 얻는 경험도 쌓았다. 명망(名望) 있는 화가(畫家)의 작품을 소장한 덕분에 예술이 가지는 고(高)부가 가치에 대한 지평을 넓혀가는 중이다.

2002년 대구 경북대학교 의과대학원 해부학 교실에 진학했다. 내가 이때부터 경제 공부를 시작했더라면 어땠을까? 아쉬움이 남는다. 2006년에 포르투갈에서 학회가 있었다. 생애 첫 해외 방문이라 준비할 것이 제법 많았다. 우여곡절 끝에 엄마의 주거래 은행에서 신용카드를 겨우 발급받을 수 있었다. 이때도 자본주의를 공부할 기회였는데, 잡지 못했다. 2018년 강남에서 길을 가던 중 아주머니 한 분을 만났다. 갑자기 팔짱을 끼시더니 "5분만 시간을 내서 도와달라"고 하셨다. 궁금한 것들을 "제가 잘 몰라서 그러는데요"라고 하고 참 많이 질문했다. '레버리지'의 개념을 배운 계기였고 그날부터 부동산을 공부하기 시작했다. 부자, 돈, 경제라는 영역에 무심하고 무지한 삶의 연속이었던 날들이 생각난다. 부자가 될 수 있는 많은 인생 기회들이 있었는데 말이다. 혹시 당신도 그렇지 않은가?

"홍수로 강이 범람한 시대에 마실 물이 없다"는 말을 자주 듣는다. 개인적으로 요즘 시대에 딱 맞는 표현 같다. 경제 전문가들의 성공 경험과 재테크 노하우가 담긴 책이 넘치는데 나에게 딱 맞는 책을 찾기란 쉬운 일이 아니었다. 책을 읽고 공부하면 당장 부자가 될 것 같았다. 하지만 넘어야 할 장벽이 높았다. 하나는 '시간'이라는 장벽이었다. 경제 전문가들이 자산을 늘리고 책을 출간하는 데 걸린 시간을 계산해봤다. 내가 새로운 정보를 접하고 익히는데도 시간이 필요했다. 다른 하나는 '경제에 대한 무지(無知)'라는 장벽이었다. 경제 용어부터 만만치 않았다. 심지어 무엇부터, 어떻게 시작해야 할지도 막막했다. 경제의 분야도 다양하고 전문가들도 너무 많아서 도움을 청하기가 쉽지 않았다.

주위를 둘러보니 비슷한 고민을 하는 사람들이 참 많았다. 그래서 부자가 되고 싶은 초보들에게 도움을 주고 싶었다. 함께 부자가 되고 싶어서 내가 배운 지식과 경험을 나누어야겠다고 생각했다. '서바이벌 스트로우'를 아는가? 일명 '생존 빨대'라고 불린다. 물이 오염된 곳이나 재난 지역에서 유용하다. 수인성(水因性) 질병도 예방할 수 있다. 이토록 중요한 '서바이벌 스트로우'가 갖춰야 할 세 가지 특징이 있다. 첫째, 안전해야 한다. 둘째, 사용법이 쉬워야 한다. 셋째, 활용성이 높아야 한다. 서바이벌 스트로우 같은 책을 쓰고 싶었다. 자본주의 사회에서 생존에 필수품인 '경제 생존 빨대' 같은 책 말이다. 이 책은 '안전한 경제 교육서'다. 경제 고수들을 따라 하지 않는다. 아이와 함께 실천할 수 있는 안전한 실전 방법을 제공한다. 이 책은 '사용법이 쉬운 경제 교육서'다. 주위에서 만날 수 있는 부자들의 에피소드, 아이들이 좋아하는 동화, 명작, 만화와 게임을 활용했다. 우리에게 친근한 스토리로 경제를 쉽게 이해할 수 있다. 이 책은 '활용성이 높은 경제 교육서'다. 한 번 읽고 책꽂이에 꽂아두지 않도록 각 장의 끝에 실천 팁(tip)을 넣었다. 가이드에 따라 매일, 매주 실천할 수 있다. 심지어 1년, 10년동안 반복해야 하는 것도 있다.

2023년 보도되는 대한민국 경제 뉴스는 암울하다. 혹자는 "단군 이래 지금이 가장 돈을 벌기 쉬운 시대"라고 한다. 과연 그러할까? '현금을 많이 가진 사람들에게는 더없이 좋은 기회' 라는 생각이 든다. 우리에게도 희망은 있다. 조급한 마음을 버리고 오늘부터 차근차근 시작해보자. 실천이 가능한 목표를 정하자. 아이와 함께 갈 방향을 정하자. 나만의 속도로 지속하면 된다. 기억하자. 멈추지 않는 꾸준함이 나와 내 아이를 행복한 부자로 인도하는 지름길이라는 사실 말이다. 이 책을 읽는 독자들 모두 행복한 부자가 되길 소망한다. 물질의 풍요로움을 흘려보내고 각자의 경험과 노하우로 이웃과 함께 성장하길 기대해본다.

목차

Part 3 12살까지 만들어주는 부의 파이프라인

Part 4 부자 아이는 가정교육부터 다르다

Part 5 부자 아이는 비전을 가지고 나아간다

Part 6 부자 아이는 소비관념이 단단하다

Part 7 부자 아이는 금융을 이해한다

Part 8 부자 아이는 똑똑한 부모가 만든다

[일러두기]

◎ 각 파트의 챕터별 소제목 '1)'에 해당하는 실천 사항을 같은 번호 '1)'로 Tip 박스에 정리했다. 소제목의 숫자와 Tip 박스의 숫자가 서로 연결된다.

Part 1 부자아이는 생각부터 다르다 〈파트〉

1. 부자 마인드를 심어주라 : '폴 게티'가 아빠의 보스(boss)? 〈챕터〉

1) 부자 마인드는 '꿈을 꾸는 것'이다 〈소제목〉

내 아이 부자 마인드 기르기 Tip

1) 아이와 '아침마다 당신은 사랑받기 위해 태어난 사람'을 개사('사랑받기 위해' → '부자 되기 위해')해서 부르자.(1Lv)

2) 아이와 '나만의 백만장자 선언문'을 만들어 책상에 붙이고 하루 1번 낭독하자.(3Lv)

3) 아이와 잠들기 전 '내 인생의 주인공은 나야 나!'라고 3번 외치자.(1Lv)

3) 부자 마인드는 '끌어당김의 법칙을 실천하는 것'이다 〈소제목〉

◎ Tip으로 제시한 실천 사항은 난이도에 따라 5단계로 구분했다.

① 각 난이도는 '실천 가능성, 지속성, 심리적 저항성'을 고려한 것이다.

② 1Lv(가장 쉬움), 2Lv(쉬움), 3Lv(중간), 4Lv(어려움), 5Lv(아주 어려움)

Part 1

부자아이는 생각부터 다르다

1

부자 마인드를 심어주라

: '폴 게티'가 아빠의 보스(boss)?

'켈리 최(Kelly Choi)' 회장은 글로벌 기업 '켈리델리(KellyDelly)' 창립자다. 최 회장은 연 매출 6,000억 자산가다. '최 회장'을 글로벌 기업 회장으로 성장시킨 것은 부(wealth)에 대한 생각(thingking) 전환이다. '웰씽킹(Wealthinking)'이라 부른다. '최 회장'은 부자가 되고 싶어 부자들을 따라 했다. 부자들의 생각, 습관, 돈을 버는 방법을 배웠다. 부자들은 확언의 대가(大家)라는 것을 깨달았다. '웰씽킹'은 '백만장자 마인드'의 출발점이다. '최 회장'은 보다 많은 사람들이 '웰씽킹' 할 수 있도록 돕는다. 기회가 될 때마다 책과 강의로 '웰씽킹'을 전한다.

1) 부자 마인드는 '꿈을 꾸는 것'이다

2002년은 대한민국 축구의 역사를 갱신한 해다. 축구 경기가 있는 날이면 사람들이 붉은색 티셔츠를 입고 모여 우리 선수들을 응원했다. 관중들은 '꿈은 이루어진다'는 응원 구호를 힘껏 외쳤다. 국민 응원단의 간절한 염원은 대한민국의 월드컵 '4강 신화'를 이끌었다. 꿈이 선수들의 사기와 자신감을 북돋운다. 모든 일은 마음먹기에 달렸다. 부자가 되기 위해선 부자의 꿈을 꾸면 된다. '나는 최고의 부자가 된다'는 꿈을 꾸라. 부자의 꿈이 어렵다고 느껴지면 '부자가 되는 일은 즐겁다.'라고 생각하라. 부자의 꿈을 꾸는 자가 부자가 될 수 있다.

꿈이 있는 사람의 특징이다. 꿈이 있는 사람은 매력적이다. 꿈이 있는 사람들은 유쾌하다. 자기 자신을 사랑한다. 마음이 여유롭다. 긍정적이다. 능동적이다. 매사가 즐겁다. 뭔가 특별한 매력이 있다. 그 사람을 응원하는 사람들이 늘어난다. 주변에 좋은 사람이 모여든다. 하는 일이 잘된다. 돈이 모인다. 지속적인 성장이 일어난다. 성장이 성공을 부른다. 결국 부자의 꿈이 이루어진다. 꿈이 있는 삶이 부자의 꿈을 실현한다. 아이가 부자의 꿈을 꾸도록 도우라. 아이가 행복한 꿈을 가지고 뭐든 즐겁게 하도록 가르치자.

흙수저였지만 꿈을 현실로 만든 중국의 기업가가 있다. 중국 최대 인터넷 쇼핑몰 '알리바바(Alibaba)'의 창업자이자 전 회장이었던 '마윈'이다. '마윈'은 50만 위안(약 9,000만 원)으로 자신의 신혼집에서 창업했다. 18명의 동료들과 함께했다. 100년이 지나도 무너지지 않는 기업을 꿈꿨다. 현실은 녹록하지 않았다. 여러 차례 실패했다. 어려움 속에서도 꿈을 향해 나아갔다. 결국 '마윈'은 세계 최대 전자 상거래 업체를 이루었다. 자신도 중국 최고의 부자가 되어 '알리바바를 이끈 작은 거인'이라는 찬사를 한 몸에 받았다.

마음에 품지 않은 꿈은 이루어지지 않는다. 미래에 이루고 싶은 꿈을 떠올리자. 꿈이 이루어진 장면을 상상하자. 그 순간을 시각화하여 가슴에 품자. 미래에 이룰 꿈을 이미 이루었다고 믿자. 꿈을 어떻게 이루었는지 나 자신에게 물어보자. '나는 어떻게 꿈을 쉽게 이루었지?', '나는 어떻게 큰 부자가 될 수 있었지?', '나는 어떻게 많은 장학 재단을 운영하게 되었지?' 하고 스스로 물어보자. 부자가 되는 방법이 보인다. 방법을 그대로 실행하면 된다. 부자의 꿈을 이루는 첫걸음은 내가 '부자의 꿈을 꾸는 것'이다. 아이와 함께 부자를 꿈꾸자.

2) 부자 마인드는 '부자처럼 생각하는 것'이다

생각이 행동의 출발선이다. "생각하는 대로 살지 않으면 사는 대로 생각한다"는 말이 있다. 순간의 생각이 인생에 큰 영향을 끼친다는 것을 깨닫게 한다. 사람은 생각한 대로 행동한다. 반복한 행동은 습관이 된다. 한번 만들어진 습관은 인격으로 드러난다. 인격이 그 사람의 인생을 결정한다. 부유한 생각이 아이의 인생을 부유하게 한다. 내 아이를 부자로 만들고 싶은가? 아이가 부자처럼 생각하게 하라. 부자처럼 행동할 것이다. 부자 습관을 가질 수 있을 것이다. 부자의 인격을 갖추게 될 것이다. 아이가 부유한 인생을 살게 될 것이다.

한 영상이 기억난다. 쇼핑 중독으로 불어난 카드빚을 고민하던 A가 중독에서 벗어난 방법을 소개한 영상이었다. 상담사가 A에게 이렇게 조언했다고 한다. "물건을 사기 전에 '이 물건이 나를 부자로 보이게 하는가?', '부자들은 이 물건을 사겠는가?'를 생각해보세요." A는 쇼핑을 할 때마다 상담사의 조언대로 실천했다. 구매를 멈추고 부자를 떠올렸을 뿐인데 놀랍게 변화했다. A는 '내가 부자를 흉내 내느라 부자의 삶에서 점점 멀어지고 있었구나.'라고 깨달았다. 과소비에서 탈출했다. 부자 흉내 내기보다 중요한 것은 부자처럼 생각하는 것이다.

아이를 부자로 키우려면 부모가 먼저 부자를 알아야 한다. 당신이 생각하는 부자는 어떤 사람인가? 사람들은 돈이 많은 사람을 부자라고 부른다. 어떤 사람은 권력을 가진 사람을 부자라고 생각한다. 돈과 권력을 가져야 부자라고 생각하기도 한다. 부자들은 인색하고 탐욕적인 사람들이라고 생각한다. 부정적으로 생각하는 사람이 많다. 자본주의와 경제에 대해 바르게 교육받지 못했기 때문이다. 아이는 부모를 통해 많은 것을 배운다. 부모가 먼저 자본주의와 경제에 관해 정확히 이해하자. 부모가 부자와 돈에 대한 긍정적인 이미지를 가져야 한다.

부자들의 공통점을 살펴보자. 부자는 행복한 꿈을 꾼다. 부자는 돈을 좋아한다. 부자는 돈 버는 일을 쉽고 재미있게 생각한다. 부자는 돈이 행복을 부른다고 믿는다. 부자는 긍정적이다. 부자는 사람을 소중하게 생각한다. 부자는 돈이 흘러가게 한다. 부자는 성실하다. 부자는 인내할 줄 안다. 부자는 시간을 아낀다. 부자는 신뢰를 중요하게 여긴다. 부자는 어려움을 해결한다. 부자는 새로운 도전을 즐긴다. 아이가 부자처럼 생각하는 데 방해되는 것을 제거하라. 부자와 돈에 대한 부정적 잠재의식을 교정하라. 아이가 진정한 부자를 꿈꾸게 하자.

3) 부자 마인드는 '끌어당김의 법칙을 실천하는 것'이다

부자는 '끌어당김의 법칙'을 실천한다. '끌어당김의 법칙'이란 내게 일어나는 모든 일은 모두 내 생각과 행동으로 통제할 수 있다는 믿음이다. 모든 일은 내 마음의 에너지로부터 나오기 때문이다. 내가 긍정적인 에너지를 가지면 긍정적인 일을 끌어당긴다. 내가 돈을 좋아하면 돈을 끌어당긴다. 돈도 자기를 좋아하는 사람을 따른다. 부자는 통제할 수 있는 것에 집중한다. 부자는 집중하는 것을 끌어당긴다. 부자는 긍정의 에너지를 끌어당긴다. 부자는 좋은 사람을 끌어당긴다. 부자는 행복을 끌어당긴다. 부자는 돈을 끌어당긴다.

아이에게 '끌어당김의 법칙'을 가르쳐라. 아이에게 돈을 끌어당기는 것은 부자의 마음과 태도라는 것을 가르쳐라. 아이에게 집중하는 것을 끌어당길 수 있다는 것을 가르쳐라. 부에 관한 통찰력을 심어줘야 한다. 이를 위해 부자 부모들에게 배우라. 부자 부모들은 눈앞의 현상 너머에 있는 현실을 볼 수 있는 눈을 가진다. 부자 부모들은 학교 교육만으로 자신의 아이를 백만장자로 만들 수 없다는 것을 잘 알고 있다. 내 아이에게 돈이 따라오게 하는 마음과 태도를 가르치자. 지금부터 내 아이에게 '백만장자의 사고방식'을 훈련하자.

미국의 석유 사업가인 '폴 게티(Jean Paul Getty)'의 책 『부자 되는 법』이 있다. 책에서 '폴 게티'는 '백만장자의 사고방식'의 핵심을 '주인의식'으로 꼽는다. '폴 게티'가 어렸을 때 아버지 '조지 게티'는 '폴 게티'의 돈으로 아버지 회사 주식을 사게 했다. 단돈 5달러였지만 '폴 게티'의 이름이 적힌 주식 증서를 보여줬다.

"이제부터 폴 게티도 아버지의 보스 중 한 사람"이라고 말했다. 어린 '폴 게티'에게 주인의식을 심어주기 위한 아버지만의 교육법이었다. '폴 게티'는 주인의식과 절약하는 습관 덕분에 기업인이 되었다.

가난이 대물림되는 가장 큰 이유는 경제적 빈곤이 아니다. 가난한 생각과 마음이 그들을 가난에서 벗어나지 못한다. 스스로 부자가 될 수 있다는 가능성을 믿지 않는다. 가난한 이들은 가난한 에너지를 끌어당긴다. 남을 탓한다. 좌절하고 포기하는 일에 익숙하다. 힘든 현실을 외면하고 회피한다. 가난의 이유를 찾는다. 가난한 생각과 마음이 가난한 인생을 끌어당긴다. '주인의식'을 회복하라. 아이에게 주인의식을 심어주자. 부를 끌어당기는 백만장자 마인드를 심어주자. 긍정의 에너지를 끌어당길 것이다. 부유함과 풍요의 에너지를 끌어당길 것이다.

'최 회장'은 부(富)에 대한 생각 전환으로 회사를 성장시켰다. '웰씽킹'이라고 부른다. 아이를 부자가 되게 하고 싶은가? 내 아이에게 부자 마인드를 심어주자. 부자 마인드는 '꿈을 꾸는 것'이다. 백만장자의 사고방식을 길러줘라. 꿈은 이루어진다. 부자 마인드는 '부자처럼 생각하는 것'이다. 아이가 부자처럼 생각하게 훈련하자. 주체적으로 부자가 되는 삶을 향해 나갈 것이다. 부자 마인드는 '끌어당김의 법칙을 실천하는 것'이다. 아이가 돈을 끌어당길 수 있도록 가르쳐라. 돈이 따르는 부자의 마음과 태도를 훈련하자. 내 아이 백만장자 프로젝트를 시작하기 가장 좋은 날은 오늘이다. 내 아이 '웰씽킹'을 훈련하기 가장 좋은 때는 바로 지금이다. 오늘, 지금 바로 시작하라!

내 아이 부자 마인드 기르기 Tip

1) 아이와 '아침마다 당신은 사랑받기 위해 태어난 사람'을 개사('사랑받기 위해' → '부자 되기 위해')해서 부르자.(1Lv)

2) 아이와 '나만의 백만장자 선언문'을 만들어 책상에 붙이고 하루 1번 낭독하자.(3Lv)

3) 아이와 잠들기 전 '내 인생의 주인공은 나야 나!'라고 3번 외치자.(1Lv)

2

돈의 힘을 알게 하라

: 〈오징어 게임〉은 데스(death) 게임!

어려서부터 교회에서 자주 부르던 찬양이 있다. "사랑은 참으로 버리는 것 버리는 것 버리는 것. 사랑은 참으로 버리는 것 더 가지지 않는 것. 이상하다 동전 한 닢. 움켜잡으면 없어지고 쓰고 빌려주면 풍성해져 땅 위에 가득하네. 사랑은 참으로 버리는 것 버리는 것 버리는 것. 사랑은 참으로 버리는 것 더 가지지 않는 것." 가사 중간에 등장한 '동전 한 닢'은 움켜잡으면 없어진다. 쓰고 빌려주면 풍성해진다. 심지어 땅 위에 가득해진다. 비록 하나의 동전이지만 쓰고 빌려줘야 더 풍성하게 쌓인다니 신기하다. 돈을 어떻게 흘려보내야 하는 것일까?

1) '돈이 나와 가족을 지키는 힘'이다

드라마 〈오징어 게임〉을 아는가? 참가자들이 최후의 승자가 되기 위해 죽음의 게임에 도전하는 드라마다. 생존게임에 참가한 인물들은 일상에서 만날 수 있는 우리 이웃과 비슷하다. 실직자, 사업 실패자, 새터민, 외국인 노동자, 도박 중독자 등 다양한 사연을 가진 사람들은 하루를 살아내는 우리와 닮았다. 처한 형편은 모두 다르지만 456억 원의 상금이 걸린 서바이벌 게임 속에 자신을 던진다. 인간에게 과도한 욕망과 지나친 경쟁을 부추기는 자본주의를 풍자하는 드라마다.

한국은 자본주의 사회이다. 자본주의의 사전적 의미는 '사유재산제에 바탕을 두고 이윤 획득을 위해 상품의 생산과 소비가 이루어지는 경제체제'이다. 즉 이윤 추구를 목적으로 하는 자본이 지배하는 사회이다. 모든 재화(財貨)에 가격이 매겨진다. 생산된 상품들은 이윤을 목적으로 한다. 재산의 사유화가 가능한 사회다. 노동력도 상품이다. 자본주의 사회에서 살아남으려면 자본에 관해 잘 알아야 한다. 돈에 대해 배워야 한다. 돈의 특징과 가치를 파악해야 한다. 이윤을 남기는 방식을 이해해야 한다. 부(富)에 대한 생각을 배워야 한다.

드라마 〈오징어 게임〉을 살펴보자. 게임 참가자는 총 456명이다. 참가자 한 사람이 탈락할 때마다 1억 원의 상금이 적립된다. 탈락은 '죽음'이다. 끝까지 살아남아야 '승리'한다. 최후 승자 1인에게 지급되는 상금은 456억 원이다. 그러고 보니 이 게임은 '서바이벌 게임'이 아니라 '데스 게임'이다. 다른 참가자가 죽어야 상금이 늘어난다. 게임의 규칙을 먼저 알고 있으면 생존에 유리하다. 반칙을 써도 상관없다. 오로지 '생존'이 '목표'다. '생존'만이 '승리'다. '생존'만이 '상금'을 보장한다. '상금'만이 나와 내 가족을 지킬 수 있는 유일한 방법이다.

삶에서 매일 돈을 접한다. 수시로 돈을 사용한다. 버스를 타고 버스비를 낸다. 식당에서 밥을 먹고 밥값을 지불한다. 전기를 사용하고 전기세를 납부한다. 돈으로 수많은 거래가 이루어진다. 돈은 교환의 수단이다. 돈이 다양한 서비스와 가치를 물질로 바꿔주는 역할을 한다. 누구든 경제 활동에 참여하려면 돈이 필요하다. 돈은 가치를 평가하고 보장하는 수단이다. 돈의 가치를 알아야 쓰임에 맞게 잘 분배할 수 있다. 자본주의 사회에서 돈의 흐름을 잘 알아야 공정한 거래를 할 수 있다. 돈이 나와 가족의 생존을 책임진다.

2) '돈에 대해 배우는 것이 힘'이다

한국 사회에서 아이들은 먹고, 자고, 입고, 쓰는 것의 대부분을 부모에게 의존한다. 아이가 필요한 것을 말하기 전에 부모가 미리 알아서 준비하기도 한다. 아이들이 부족함을 느끼지 않고 자라서일까? 한국 아이들은 돈을 모른다. 돈을 배우지 않는다. 돈이 무엇인지 몰라도 생활에 문제가 없다. 필요한 것을 부모에게 일방적으로 통보(通報)한다. 아이들이 부모를 '요술 램프'라고 생각하는 모양이다. 부모는 아이와 돈에 관한 이야기를 해야 한다. 아이에게 필요한 것을 가지려면 돈이 필요하다는 것을 가르쳐야 한다. 아이는 돈에 대해 배워야 한다.

한국 부모들은 교육열이 높다. 영어 유치원에 다니거나 영재 교육기관에서 교육받는 아이들을 자주 본다. 외국으로 조기 유학을 가는 아이들도 많다. 부모들은 수학, 영어, 과학, 예체능 방면에 재능을 보이는 아이에게 아낌없이 투자한다. 아이를 그 분야에서 탁월한 존재로 키우고 싶기 때문이다. 아이에게 명성과 부(富)도 따라오길 기대한다. 아이를 부자로 키우려면 돈 교육부터 해야 한다. 부(富)를 가르쳐야 한다. 부(富)를 위한 돈 공부가 힘이다. 자본주의 사회에서 살아가기 위한 필수 과정이다.

『아들아, 돈 공부 해야 한다』의 저자인 '정선용' 작가는 돈 공부의 중요성을 말한다. 정 작가는 퇴직을 사회적 죽음이라 생각했다. 사회적 불안과 경제적 불안을 해결하려고 돈 공부를 시작했다. 돌이켜보니 자신은 일 공부만 하느라 돈 공부에 관심이 없었다. 마음으로 돈을 죄악시하는 자신을 발견했다. 그 마음이 돈 공부를 방해하고 있었다. 돈은 이미 그의 삶에 깊숙이 들어와 있었다. 심지어 불행의 바닥에 돈이 도사리고 있음을 깨닫게 되었다. 이제 '정 작가'는 돈 공부를 강권한다. 돈 공부가 개인과 가족, 세상을 바꿀 힘이기 때문이다.

가난은 우리가 생각하는 것 이상으로 무섭다. 가난은 잔인하다. 가난은 자존감을 무너뜨린다. 가난은 예의도 빼앗는다. 가난은 사람을 무능하게 만든다. 가난은 우리의 생명을 위협한다. 가난은 인간의 존엄성마저 짓밟는다. 자존감을 지키고, 품위 있는 사람이 되고 싶은가? 부모가 먼저 돈 공부해야 한다. 아이를 당당하고 능력 있는 사람으로 키우고 싶은가? 아이에게 돈을 가르쳐라. 가족들의 인격을 존엄하게 지켜주고 싶은가? 돈에 대해 배우기를 멈추지 않아야 한다. 돈부터 가르치자. 돈 공부에 시간과 에너지를 투자하자. 힘 있는 삶을 살 수 있다.

3) '돈과 친구가 되는 것이 힘'이다

"지피지기(知彼知己)면 백전백승(百戰百勝)이다." 상대를 알고 나를 알면 전쟁에 나가 백 번 싸워도 백 번 승리한다. 자본주의에 적용해보자. 적을 알고 나를 알면 시장 경쟁에 백 번 나가 싸워도 백 번 이길 수 있다. 자본주의와 돈을 알아야 전장(錢場)에서 이길 수 있다. 돈의 속성을 알면 싸움에서 내가 이길 수 있다. 돈을 적대시할 필요가 없다. 돈은 가치 중립적이다. 돈은 하나의 수단이다. 내 아이에게 돈을 가르쳐야 하는 이유다. 아이가 돈과 잘 지내게 하라. 돈과 좋은 친구가 되게 하라.

'다윗과 요나단'의 이야기를 아는가? 왕자인 '요나단'은 목동 출신인 '다윗'과 각별한 친구가 된다. 요즘 말로 '금수저'와 '흙수저'가 절친한 친구가 된 것이다. '요나단'의 아버지 '사울 왕'은 이스라엘의 1대 왕이다. '사울 왕'은 전쟁에서 블레셋의 '골리앗' 장군을 죽이고 돌아온 '다윗'을 질투한다. 기회가 될 때마다 죽이려고 한다. 그때마다 '요나단'이 '다윗'을 변호하고 목숨을 구해준다. 심지어 '요나단'은 친구인 '다윗'을 위해 왕위(王位)까지 포기한다. '다윗'은 친구 '요나단'의 도움으로 죽을 고비를 여러 번 넘기고 이스라엘의 2대 왕이 된다.

친구는 변함이 없다. 친구는 마음을 잘 읽는다. 친구는 나를 기쁘게 한다. 친구는 내 모습 그대로 존중한다. 친구는 내 연약함을 감싸준다. 친구는 언제 만나도 반갑다. 친구는 나를 사랑한다. 친구는 위기에서 나를 지켜준다. 친구는 내게 힘이 되어준다. '친구' 대신 '돈'으로 바꿔보자. 돈은 변함이 없다. 돈은 마음을 잘 읽는다. 돈은 나를 기쁘게 한다. 돈은 내 모습 그대로 존중한다. 돈은 내 연약함을 감싸준다. 돈은 언제 만나도 반갑다. 돈은 나를 사랑한다. 돈은 위기에서 나를 지켜준다. 돈은 내게 힘이 되어준다. 아이에게 돈과 친구가 되게 하라.

아이가 자라면서 사춘기를 보낸다. 사춘기 아이의 최대 관심사는 친구다. 마음에 드는 친구와 평생 베프(베스트 프렌드, best friend)로 지내자고 약속한다. 사춘기 아이들은 친구와 같이하는 모든 것을 좋아한다. 심지어 친구와 함께하면 시험공부도 즐겁다. 아무리 힘든 일도 친구가 곁에 있으면 해낼 수 있다. 돈을 가르치기 가장 좋은 시기다. 아이를 돈과 베프가 되게 하라. '요나단'이 친구 '다윗'에게 보여준 우정과 헌신을 기억하라. 아이가 돈을 잘 알고 사랑할 수 있도록 가르쳐라. 돈이 내 아이의 목숨을 구하고 존경받는 자리로 이끌 것이다.

교회에서 어렸을 때 배운 찬양이 있다. 동전 한 닢을 쓰고 빌려주면 풍성해진다고 한다. 땅 위에 가득해진다니 신기한 일이다. 자본주의 사회에서 돈이 있어야 살 수 있다. 돈이 의 · 식 · 주를 책임진다. 아이에게 부(富)에 대한 생각을 훈련하자. '돈이 나와 내 가족을 지키는 힘'이다. 아이의 필요를 채우기 위해 돈이 필요하다. '돈에 대해 배우는 것이 힘'이다. 아이에게 돈을 교육해야 한다. 돈과 부(富)를 알아야 시장 경쟁에서 잘살 수 있다. '돈과 친구가 되는 것이 힘'이다. 아이가 돈과 좋은 친구가 되게 하라. 돈이 아이를 행복하게 할 것이다. 아이의 힘이 될 것이다. 아이를 더 부유하게 할 것이다.

돈에 대한 생각 실전 Tip

1) 가족들과 '노머니 데이(No-Money day)'를 만들어 실천하자.(3Lv)

2) 아이가 '돈을 어떻게 생각하고 있는지?' 물어보자.(2Lv)

3) 아이와 '당근송'을 개사('나'→'돈')해서 같이 부르자.(1Lv)

3

자기만의 기준을 갖게 하라

: 'JYP' '박진영' 대표의 모닝 루틴!

『당신의 인생을 정리해드립니다』의 저자 '이지영' 작가는 '썬더 이 대표'로 알려져 있다. 정리가 어려운 집에 방문해 정리, 수납, 공간 컨설팅을 한다. '이 대표'는 자신을 '공간 크리에이터'라고 소개한다. 다른 정리 전문가와 구분되는 차별점이 있다. 정리를 하기 전 '그 공간에 머무는 사람에게 집중한다'는 점이다. '이 대표'만의 정리 기준이다. 정리 후 의뢰인에게 자기만의 공간을 선물한다. 공간에서 쉼과 치유가 일어난다. 마음의 위로를 받는다. 행복한 힘을 얻는다. 공간을 정리하는 '이 대표'만의 기준이 불러온 기적이다.

1) 부자들의 '부자의 기준'을 아이의 기준으로 만들자

살면서 마주하는 수많은 '기준'들이 있다. 과자의 성분들이 식품 안전 기준에 적합한지 확인하고 산다. 놀이동산에서 스릴(thill) 있는 놀이 기구는 정한 키 기준이 넘어야 탑승할 수 있다. 농부는 출하(出荷) 기준을 통과한 과일을 상품으로 판매한다. 기준이 없다면 질서가 없고 불편할 것이다. 아무리 예쁜 신발이어도 내 발의 크기에 맞지 않으면 신을 수 없다. 멋진 바다 풍경이 안전은 아니다. 위험하면 수영을 할 수 없다. 다양한 상황에 맞는 기준 덕분에 우리가 안전하고 질서 있게 생활할 수 있다.

경제도 마찬가지다. 신용 카드 발급 기준을 충족한 사람에게 카드를 발급해준다. 은행에서도 대출 기준에 적합해야 대출이 가능하다. 신축 아파트도 분양 기준을 통과해야 입주가 가능하다. 일부 대형 할인마트는 정한 기준에 따라 회원 카드를 발급한다. 회원만 출입(出入)할 수 있다. 학교 입학도 기준이 있다. 대회 수상(受賞)도 기준에 맞지 않으면 불가능하다. 기준을 알아야 하는 이유다. 부자가 되려면 '부자의 기준'을 알아야 한다. '부자의 기준'에 맞게 산다. 막연하게 '부자가 되고 싶다.'라고 생각하지 말자. 그럼 얼마가 있어야 부자일까?

'한국 부자의 기준'에 참고할 자료가 있다. 'KB 금융지주'에서는 매년 'KB 부자보고서'를 발간한다. '2021년 KB 부자보고서'에 의하면 부자는

'금융자산 10억 원 이상을 가진 개인'을 말한다. 금융자산은 현금을 의미한다. 2020년 말을 기준으로 금융자산 10억 원 이상인 사람이 39만 3천 명이었다. 당시 금융자산 10억 원 이상을 가진 부자들이 생각한 '부자의 기준'을 아는가? 현금 10억 원 보유 부자들이 생각한 '부자의 최소 자산 기준은 총자산 100억 원'이다. 그중 부동산 자산 50억 원, 금융자산은 최소 30억 원, 현금성 자산이 최소 20억 원이다.

초등학생 시절, 선생님께 "공산품을 살 때는 'KS 마크'를 확인하세요." 라고 배웠다. 'KS 마크'는 'Korea Industrial Standard'의 약자다. 즉 '한국산업표준'을 통과한 상품이라는 뜻이다. 공산품의 표준에 적합한 제품이다. 당시 KS 마크는 국가가 보증하는 상품이라고 판단했다. 그날부터 연필, 공책, 지우개를 살 때마다 KS 마크 확인을 숙제처럼 했던 기억이 난다. 아이와 기준을 세우라. 이루고 싶은 '부자의 기준'을 만들자. '한국 부자 기준'을 가르치자. '부자 기준'이 표준이 된 세상을 상상해보자. 아이가 억만장자의 꿈도 이룰 것이다.

2) 부자들의 '특별한 지식 습득 기준'을 아이의 기준으로 만들자

부자 중에 성격이 급한 사람들이 많다. 기민(機敏)한 성격 덕분에 급변하는 사회에 빨리 적응해 부자가 되었다. 부자들의 급한 성격은 다양하게 드러난다. 특별히 '공부법' 분야에서 부자들이 급한 성격을 드러낸다.

빠른 성격은 '부자들만의 공부법'을 만들었다. 부자들의 '특별한 지식 습득 기준'이 생겼다. 부자들은 공부만 하느라 시간을 보내지 않는다. 궁금한 것이 생기면 단기간에 집중해서 지식을 쌓는다. 가령 한 달간 집중해서 최대한 지식을 흡수한다. 학원, 강연, 책, 토론 등 가리지 않고 단시간에 효율적으로 지식을 소화한다.

'삼성그룹 2대 총수'였던 故 '이건희' 회장은 특별한 '공부법'을 가지고 있었다. 단순한 '공부법'이 아니다. '이 회장'만의 '특별한 지식 습득 기준'이었다. '이 회장'은 궁금한 분야의 책을 집중해서 읽었다. 단시간에 파고들어 전문가 수준의 지식을 쌓았다. 독서를 통해 깊이 있는 지식을 소화한 후 그 분야 전문가들을 차례로 불렀다. 유명한 교수들을 통해 강의를 듣고 지식을 점검했다. 독서로 쌓인 지식이 분명하고 더 풍성해졌다. '이 회장'의 관심은 거기서 끝나지 않았다. 자신의 다양한 호기심을 신(新)사업으로 확장시켜 글로벌 기업을 키워냈다.

단기간에 한 분야에 고수(高手)가 된 사람들도 마찬가지다. 『월급쟁이 부자로 은퇴하라』의 저자 '너나위' 작가도 '지식 습득의 특별한 기준'을 제시한다. '너나위'님은 대기업 직원이었지만 노후가 막막했다. 미래가 불안하고 고민됐다. 그날부터 퇴근 후 도서관으로 향했다. '일단 100권의 경제서 읽기'를 목표로 정했다. 독서량이 늘수록 많은 정보가 쌓였다. 관련 분야의 지식이 깊어졌다. 체계적이고 튼튼한 이론을 다진 후 실전에 돌입했다. '너나위'님의 공격적 투자는 성공했다. '100권 책 읽기'라는 '특별한 기준'으로 투자를 시작해 100억 자산가가 되었다.

지식의 반감기(半減期)가 빨라지고 있다. 거짓 정보와 왜곡된 정보도 많다. 지식을 분별하는 것이 능력이다. 더 많은 정보를 빠르고 정확하게 선별하는 것도 경쟁인 시대다. 나만의 '지식 습득 기준'이 있는가? 부모들이 아이들의 학습은 학원에 맡긴다. 최신 교육 정보는 지역 맘(Mom) 카페에 의존한다. 재테크는 동네 친한 언니나 지인을 따라 한다. 성공하는 '기준'을 세우자. '부자의 기준'을 따라 하자. 급변하는 사회에서 생존할 수 있는 '기준'을 세우자. 나와 내 아이를 부자로 만들어줄 '부자들의 특별한 지식 습득 기준'을 내 것으로 만들자.

3) 부자들의 '자기 관리 기준'을 아이의 기준으로 만들자

부자들은 남을 쉽게 따라 하지 않는다. 자기만의 방법으로 산다. 분명한 '기준'이 있다. 부자들은 일상에 수많은 루틴(routine)이 있다. 아침에 눈을 떠서 잠자리에 들 때까지 반복하는 루틴이 있다. 예를 들면 새벽 5시 기상, 이부자리 정리하기, 공복에 물 한잔 마시기, 명상하기, 체조 후 샤워하기, 모닝커피, 독서, 간단한 식사 등이다. 시간과 순서는 달라도 부자들의 공통된 루틴이다. 루틴들이 부(富)와 성공으로 이끈 부자들의

'자기 관리 기준'이다. 분명한 '자기 관리 기준' 덕분에 부자가 된 것이다.

'JYP 엔터테인먼트'의 '박진영' 대표는 소문난 '자기 관리 고수'다. 지속적인 자기 관리 덕분에 50세가 넘은 나이에도 탄력 있는 몸과 건강을 유지한다. '박 대표'의 건강 관리 비결은 식생활이다. '박 대표'는 다양한 알레르기와 아토피가 심한 어린 시절을 보냈다. 몸이 약한 편이었다. 먹거리를 바꾸고 몸이 달라졌다. 오랜 시간 괴롭히던 지병이 사라졌다. 그 후로 철저한 식생활을 유지한다. 약 20년 동안 실천하고 있다. 식생활과 건강이 성공한 CEO의 삶을 지속시킨다. '자기 관리 기준'의 핵심이다. 멈추지 않은 '자기 관리'가 부자의 지름길이다.

『쇼핑의 세계』 저자인 '임세영' 작가는 'CJ 오쇼핑'의 '패션 전문 쇼(핑)호스트'다. '임 작가'는 'CJ 홈쇼핑'의 PD였으나 퇴사 후 쇼호스트에 지원했다. 아나운서 과정을 수료하며 발성, 발음을 관리했다. 시간을 내서 필라테스로 체중과 건강을 관리한다. 미용실, 네일 숍, 피부과에 주기적으로 방문해 이미지를 관리한다. 카메라 밖의 소비자와 자연스럽게 소통하려고 운전 중에도 말하기를 연습한다. 사람들과 소통 능력, 갑작스러운 돌발 상황에 대처하는 능력도 탁월하다. 1분에 1억 매출은 '임 작가'만의 끊임없는 '자기 관리'가 이룬 성과다.

정직하고 일관성 있는 사람은 존중받는다. 사람들은 명확한 기준을 잘 따른다. 정해진 기준대로 살면 삶이 단순하다. 다른 사람에게 휘둘리지 않는다. 시간을 주도할 수 있다. 부자들이 실천하는 '자기 관리 기준'을 따라 하자. 수면 관리, 시간 관리, 건강 관리, 공간 관리, 돈 관리, 친구 관리, 멘탈 관리 등 다양하지 않은가? 아이와 함께 엄격한 '자기 관리 기준'을 정하자. '박 대표'의 건강 관리를 따라 하자. '임 작가'의 이미지 관리도 시도해보자. 지금 바로 시작하라. 멈추지 말라. 끊임없이 도전하라. 부자로 성공할 것이다.

공간에 머무는 사람에게 집중하면 남길 것이 보인다. 만족과 행복도 선물한다. 사람이 기준이다. 삶의 많은 영역에 기준이 필요하다. 부자도 마찬가지다. '부자의 기준'을 알면 부자가 되기 쉽다. 이룰 수 있는 '부자의 기준'을 세우자. 아이에게 '부자의 기준'을 가르치자. 부자들은 빠른 변화에 대처할 수 있는 기준이 있다. 부자들의 '특별한 지식 습득 기준'을 따라 하자. 내 아이의 '지식 습득 기준'으로 만들자. 성공한 부자들의 '자기 관리 기준'을 배우자. 아이의 '자기 관리 기준'이 되게 훈련하라. 아이가 부자들과 함께 살 것이다. 부(富)의 기적과 행복을 누릴 것이다.

내 아이만의 기준 만들기 Tip

1) 내 가족이 3년 이내에 이루고 싶은 '부자의 기준'을 만들어보자.(3Lv)

2) 아이와 '경제 동화 100권 읽기'를 시작하자.(2Lv)

3) 아이와 동요 '우유송'을 함께 불러보자.(1Lv)

4

질문하라! 아이의 생각을 멈추지 않게 하라

: '욥쓰양'이 시작한 퍼포먼스 아트?

서점에서 있었던 일이다. 아빠가 딸의 손을 잡고 다른 코너로 이동 중이었다. 아이가 아빠에게 질문했다. "아빠, 나비는 어떻게 날아다녀?" 아빠의 대답이 궁금했다. 나도 모르게 숨죽이며 아빠의 대답에 집중했다. "나비니까 날아다니지." 순간 고요해졌다. 아이가 더 이상 아무 말도 하지 않았다. '아이는 궁금증이 풀린 걸까?', '다른 부모들은 어떻게 대답할까?' 나라면 "우리 민영이가 나비가 어떻게 날아다니는지 궁금했구나! 아빠랑 같이 찾아볼까?" 하고 딸과 '나비' 책을 찾아봤을 것이다. 온 세상이 신기한 아이들의 호기심에 어떻게 반응하고 있는가?

1) 부자 부모는 '생각하는 뇌를 만드는 질문'을 한다

아주대학교 '김경일' 교수는 인지심리학자다. '김 교수'는 "인간은 욕구가 있어야 생각을 많이 한다"고 한다. 그렇다면 우리가 생각하지 않는 이유는 풍족한 상황 때문일까? 물질적 풍요뿐만 아니라 마음의 풍요도 생각을 멈추게 한다. "앉으면 눕고 싶고, 누우면 자고 싶다"는 말은 인간의 본성을 잘 표현한다. 수렵과 채집으로 배고픔을 해결하고 맹수로부터 자신과 가족을 지켜야 했던 시대의 인간은 어땠을까? 긴장과 경쟁의 연속이었다. 하루를 살아내야 내일이 보장된다. 내가 살아남아야 가족을 지킬 수 있었다. 끊임없이 생존을 위한 질문을 했겠지?

현대 사회에서도 마찬가지다. 쏟아지는 정보와 지식을 익힌다. 다양한 지식들이 재산이다. 수많은 경쟁에서 이겨야 한다. 정보들을 활용해 지혜를 발휘해야 한다. 학교에서 배운 정답만으로 해결할 수 없는 문제가 넘쳐난다. 나만의 해답을 찾아야 한다. 끊임없이 생각해야 한다. 평소에 '생각으로 훈련된 뇌'를 만들어야 한다. '생각에 최적화된 뇌'가 필요하다. 질문해야 한다. 스스로 묻고 답해야 한다. 아이에게 묻고 답해야 한다. 경쟁에서 살아남기 위해 질문해야 한다. 경쟁에서 이기기 위해 질문해야 한다. 아이에게 질문하자.

'편리한 형제'의 '김근형' 대표는 아이디어로 연 매출 20억을 달성한 발

명왕이다. '김 대표'의 효자 상품은 '문어발 샤워기 홀더(holder)'다. 한 손으로 샤워기를 들고 씻어야 하는 불편함에서 아이디어가 출발했다. '문어 빨판'에서 힌트를 얻어 '샤워기 홀더'를 문어 빨판 모양으로 만들었다. 원하는 곳에 샤워기를 쉽게 옮기면서 사용할 수 있다. 고무 빨판 형태라 고정도 편리하다. 불편함을 해소하려는 '김 대표'의 '생각 습관'이 성공을 가져왔다. '스스로 질문하는 두뇌'가 서민 갑부(甲富)를 만들었다. 질문하자. 불편함을 해소하는 질문을 하자.

4살쯤으로 보이는 아이가 병원 대기실에 앉아 있었다. 아이가 지루한지 대기실 책꽂이에서 '개미' 책을 꺼내왔다. 페이지를 몇 장 넘기니 줄지어 가는 개미 떼 그림이 보였다. "어? 개미가 가네?" 하고 말하는 아이에게 엄마가 질문했다. "개미들이 줄지어 가네? 개미들이 줄을 서서 어디로 갈까?", "엄마, 개미가 카페에 가나 봐." 아뿔싸! 긴 개미 줄을 본 아이는 카페에 줄 선 사람들이 생각난 모양이다. '생각하는 두뇌를 만드는 질문'을 하자. 부자 부모는 생각하는 질문을 한다. 부자 부모처럼 질문하자. '생각하는 뇌를 만드는 질문'을 훈련하자.

2) 부자 부모는 '꼬리에 꼬리를 무는 질문'을 독려한다

학교에 다녀온 딸에게 아빠가 물었다.

"오늘은 학교에서 어떤 일이 있었니?"

"선생님이 '노아의 방주' 이야기를 해줬어요."

"그래? '노아의 방주' 이야기는 어땠니?"

"다시 들어도 너무 재미있는 이야기예요."

"어떤 점이 재미있었어?"

"선생님이 '조슈아! 네가 노아였다면 방주 밖으로 어떤 동물을 보냈을 것 같아?' 하고 질문했어요. 저는 '제가 노아였다면 기린을 방주 밖으로 보냈을 것 같아요.'라고 답했어요."

"조슈아, 왜 기린을 방주 밖으로 보내고 싶었어? 궁금한데?"

"제가 기린을 제일 좋아하니까요."

이스라엘에 있는 히브리 대학 한인(韓人) 교수 A의 이야기다. A의 질문은 한국 아빠들과 달랐다. '무엇을 배웠는지'가 아니라 '어떤 일이 있었는지'를 물었다. 선생님께 들은 '노아의 방주' 이야기가 재미있었다는 딸의 답을 듣고 끝내지 않았다. 다시 딸에게 질문했다. 딸은 선생님께 질문을 받은 것이 좋았다. 멈추지 않고 아이에게 또 질문했다. 왜 기린을 내보내고 싶었냐고 말이다. 나중에 안 사실이지만 아이의 선생님은 '랍비(rabbi)'였다. A도 '꼬리에 꼬리를 무는 질문'으로 '랍비'처럼 아이와 대화했다.

'랍비'는 유대교의 율법 선생이다. 유대인들의 지도자다. 종교의식과 교육활동에 폭넓게 참여한 리더다. 학식과 덕망이 있는 어른이다. 오늘날 전 세계에 흩어져 있는 유대인들 중에 큰 부(富)를 이룬 부자들이 많다. 어느 보고에 의하면 "독일의 85퍼센트 이상의 돈이 되는 사업은 유대인이 소유하고 있다"고 한다. 유대인들을 세계적인 부자가 되게 한 비결이 무엇일까? '하브루타'로 알려진 질문과 토론 방식이다. 가족, 동급생, 선생님(랍비)과 질문하고 논쟁하는 학습법이 비결이다. '꼬리에 꼬리를 무는 질문'이 세계적인 부자들을 배출했다.

유아기 아이들은 끊임없이 질문한다. "이게 뭐야? 저게 뭐야?", "이건 왜 그래? 저건 왜 그래?" 아이의 호기심은 질문으로 이어진다. 궁금한 것이 하나 해결되면 또 다른 궁금증이 생긴다. 생각이 새로운 질문을 만든다. 질문이 또 다른 생각으로 이어진다. 반복되는 아이의 질문에 성실하게 답하자. '왜? 왜? 왜?'는 아이의 생각이 커가는 증거다. 아이의 뇌를 확장시킬 기회다. 부자 부모처럼 연속되는 질문에 기뻐하자. 칭찬하자. '꼬리에 꼬리를 무는 질문'이 멈추지 않게 하자. 세상을 보는 창이 커질 것이다. 아이가 즐겁게 질문하는 환경을 만들자.

3) 부자 부모는 '생각의 차이를 존중하는 질문'을 한다

2014년에 시작된 독특한 대회가 있다. 예술가 '웁쓰양'이 '퍼포먼스 아트'로 시작한 '멍때리기 대회'다. 지금은 '서울시한강사업본부'와 협연해 대회를 개최하고 있다. 참가자들은 90분 동안 '멍한 생각'을 하면 된다. 어떤 행동도, 아무 생각도 하지 않아야 한다. '멍때리기 대회'는 바쁜 현대인들의 통념(通念)을 깼다. 아무것도 하지 않는다고 뒤처지지 않는다. 무가치한 것이 아니다. 심지어 멍때리기로 뇌를 정리하고 피로를 풀 수도 있다. 현실에 대한 '생각의 차이'가 가져온 의미 있는 반전이랄까?

최근 '불멍(불을 보며 멍때리기)', '물멍(물을 보며 멍때리기)', '숲멍(숲을 보며 멍때리기)'과 같은 다양한 '멍때리기'도 유행이다. 일상에 파고든 '멍때리기'는 멈춤을 가져왔다. 일상을 열심히 살아낸 현대인들에게 쉼과 재충전의 기회가 된다. 심지어 우울증 치료 방법으로 추천하는 사람도 있다. '멍때리기'는 한눈팔기가 비생산적이라는 생각을 뒤집어놓았다. 멍때리기에 대한 부정적 시각을 바꿔놓았다. 멍때리는 순간이 창의력의 시작점이 될 수 있음을 가르쳐준다. 행동과 생각의 일시적 멈춤이 더 큰 도약을 위한 기회임을 시사한다.

'패션 디자이너'이자 '사업가'인 '가브리엘 샤넬(Gabrielle Chanel)'은 프랑스 사업가다. '샤넬'은 1900년 초반 유럽 여성복에 도전장을 던졌다. 당시 비실용적이고, 불편한 전통 여성복 대신 실용적인 여성복을 선보였다. 심지어 당시 남성복에만 쓰이던 옷감으로 스포츠 모드의 옷을 만들었다. 기능성과 편리성을 높인 옷으로 현대 여성복의 새 변화를 이끌었다. '샤넬'은 패션계의 거장(巨匠)이 됐다. 전통에 따르고 대세(大勢)를 좇았던 당시 여성들과 다르게 생각한 결과다. 다양한 생각을 할 수 있도록 아이에게 질문하자. 부자 부모처럼 차이를 존중하자.

한국은 관계 중심의 사회다. 나와 생각이 같은 사람을 좋아한다. 심지어 음식을 주문할 때도 옆 사람과 같은 메뉴를 주문한다. 공감을 넘어 동질감을 우선한다. '같다'의 반대말은 '다르다'이다. '다르다'를 '틀리다'로 판단하는 사람들이 많다. 나와 다른 것을 너무나 쉽게 틀린 것으로 생각한다. 차이, 다름, 다양성을 인정하자. 아이와 하나의 주제로 토론하며 나와 다른 생각을 존중하자. 또 다른 생각을 하도록 질문하자. 부자 부모처럼 '생각의 차이를 존중하며 질문'하자. 세상을 다양하게 해석하도록 훈련하자. 다르게 생각하는 아이가 부자가 된다.

온통 새로운 것을 마주하는 아이의 세상은 어떤 모습일까? 아이는 세상에 궁금한 것이 많다. 질문할 것도 아주 많다. 부자 부모는 '생각하는 뇌를 만드는 질문'을 한다. 지속적인 질문으로 생각을 멈추지 않게 도우라. 아이가 즐거운 마음으로 '꼬리에 꼬리를 무는 질문'을 하도록 칭찬하라. 아이가 스스로 해답을 찾도록 훈련하자. 부자 부모는 '생각의 차이를 존중하는 질문'을 한다. 다양한 사람들과 어울리려면 다름을 인정해야 한다. 남들과 다른 눈으로 세상을 바라보는 아이가 부자가 될 수 있다. 아이에게 질문하라. 질문하는 아이로 훈련하라. 지속적으로! 다양하게! 질문을 멈추지 않는 아이가 부자가 될 수 있다.

생각하는 아이를 위한 질문하기 Tip

1) 아이와 동요 '멋쟁이 토마토'를 함께 불러보자.(1Lv)

2) 아이와 함께 '원숭이 엉덩이는 빨개' 말 게임을 하자.(2Lv)

3) '흥부와 놀부' 이야기에서 '놀부'가 본 '흥부'는 어떤 사람일까? 경제적 관점에서 아이와 생각해보자.(3Lv)

내 아이
부자 만드는
핵심 노트

Part 1. 부자 아이는 생각부터 다르다

1 부자 마인드를 심어주라

1) 부자 마인드는 '꿈을 꾸는 것'이다
2) 부자 마인드는 '부자처럼 생각하는 것'이다
3) 부자 마인드는 '끌어당김의 법칙을 실천하는 것'이다

2 돈의 힘을 알게 하라

1) '돈이 나와 가족을 지키는 힘'이다
2) '돈에 대해 배우는 것이 힘'이다
3) '돈과 친구가 되는 것이 힘'이다

3 자기만의 기준을 갖게 하라

1) 부자들의 '부자의 기준'을 아이의 기준으로 만들자
2) 부자들의 '특별한 지식 습득 기준'을 아이의 기준으로 만들자
3) 부자들의 '자기 관리 기준'을 아이의 기준으로 만들자

4 질문하라! 아이의 생각을 멈추지 않게 하라

1) 부자 부모는 '생각하는 뇌를 만드는 질문'을 한다
2) 부자 부모는 '꼬리에 꼬리를 무는 질문'을 독려한다
3) 부자 부모는 '생각의 차이를 존중하는 질문'을 한다

내 아이에게 부자 마인드를 심어주자. 부자 마인드는 '꿈을 꾸는 것'이다. 백만장자의 사고방식을 길러줘라. 꿈은 이루어진다.

Part 2

학교 성적 보다는 부자 공부다

1

부자의 경제 교육을 최우선으로 하라

: 소 등에 탄 쥐가 1등이라고?

유튜브 채널 '월급쟁이 부자들 TV'에서 접한 사연이다. 3억 원 넘는 아파트 분양에 당첨된 신혼부부가 있다. 부부는 S대학교에서 만난 커플이다. 전 재산 1억 5천만 원에 두 사람 월급이 360만 원이다. 박사과정 중인 남편은 졸업 후 2~3년 정도의 박사 후 과정으로 해외에 다녀올 계획이다. 부부는 생활비 120만 원을 제외한 200만 원씩 매달 저축 중이다. 대출이 불가피하다. 은행 이자를 감당할 자신이 없다. 전문가의 도움이 절실하다. 부부는 "학교에서 가르치지 않는 자본주의의 냉혹한 현실이 암담하다"고 했다.

1) 부자의 경제 교육은 '부의 추월차선을 타는 것'이다

초등 시절 '12간지의 유래'에 관한 만화를 본 기억이 난다. 오랜 옛날, 신(神)이 개최한 달리기 시합에 동물들이 참여했다. 1등부터 12등까지만 상을 받을 수 있다. 경기가 시작되자 동물들은 최선을 다해 달렸다. 결승점 앞에 소, 호랑이, 토끼, 용, 뱀, 말, 양, 원숭이, 닭, 개, 돼지가 모습을 드러냈다. 소가 1등이었다. 아니 이게 어찌 된 일인가? 소 등에 타고 있던 쥐가 재빨리 결승점에 뛰어내렸다. 소 등에서 잠을 자던 쥐가 1등을 한 것이다. 이후로 경기에서 결승점에 도착한 순서대로 '12간지'가 시작됐다.

앞일은 아무도 모른다는 생각이 들었다. 열심히 달려도 상을 못 탄 동물이 있다. 깊이 잠이 들었다가 기회를 잘 잡은 동물도 있다. 심지어 1등이다. 세상의 많은 일이 이와 같다. 열심히 공부해도 성적이 좋지 않은 사람도 있고, 졸다 찍어도 우수한 성적을 거두기도 하지 않는가? 부자가 되려면 기억해야 한다. 특별히 쥐를 기억해야 한다. 우직하게 달리는 소의 등에 탔더니 1등이 됐다. 부자가 되는 방법도 마찬가지다. 달리는 부자들의 등에 타면 된다. 부자의 등에서 끝까지 우직하게 버티면 된다.

『부의 추월차선』의 저자 '엠제이 드마코(MJ DeMarco)'에게 배우자. '엠제이'는 돈을 다루는 방식에 따라 사람을 세 부류로 나눈다. 인도(人道)를 걷는 사람, 서행차선 그리고 추월차선으로 나눈다. 인도를 걷는 사람은 궁핍과 빈곤에 도착한다. 루저 마인드의 사람이다. 서행차선의 사람들은 노후를 위해 젊음을 희생하는 사람이다. 추월차선의 사람들은 한 번의 시간 투자로 지속적인 돈의 흐름을 만든다. 기업가가 대표적이다. 누구나 원하면 백만장자가 될 수 있다. 부의 추월차선이 비결이다. 부의 추월차선을 타자. 아이에게 추월차선을 가르쳐라.

한국 최고 엘리트 집단인 S대학교 졸업장이 경제적 부자를 보장하지 않는다. 누구도 나와 아이의 미래를 책임지지 않는다. 현실은 냉정하다. 자본주의를 알아야 한다. 생존과 승리를 위한 전략이 필요하다. 경제 교육이 필요하다. 아이가 인도를 걷게 할 것인가? 서행차선으로 시간을 낭비하게 할 것인가? '부의 추월차선'에 타야 한다. 학교에서 자본주의를 가르치지 않는다. 혹자는 "한국 교육이 착한 노동자로 살아가도록 한다"고 말한다. 학교 교육보다 경제 교육이 시급하다. 부의 추월차선을 양보하지 말아야 한다.

2) 부자의 경제 교육은 '숫자를 통해 세상을 보는 것'이다

『부의 추월차선』으로 돌아가 보자. 서행차선의 사람들은 케이크를 먹기 위해 몇 시간씩 줄을 선다. 자신들의 시간을 싸구려 취급한다. 서행차선의 사람들은 두 가지를 놓치고 있다. 하나는 노후가 오지 않을 수도 있다는 점이다. 세계적 부자였던 애플의 스티브 잡스에게 노후는 오지 않았다. 서행차선의 사람들은 돈 몇 푼을 아끼기 위해 매초, 매분, 시간에는 신경 쓰지 않는다. 추월차선의 사람들은 시간을 가장 가치 있는 자산으로 여긴다. 시간은 누구에게나 공평하다. 시간은 절대 되돌릴 수 없다. 아이가 최소한의 시간으로 부를 만들도록 교육하라.

열심히 일할수록 시간이 없다. 오히려 시간이 부족하다. 오늘보다 나은 내일을 위해 현재를 희생한다. 과연 오늘이 어제보다 나은가? 그렇다면 열심히 일하는 이유가 무엇인가? 단순히 더 많은 돈을 벌고 싶은가? 아니다. 부(富)와 함께 누리는 시간, 기회, 능력이 목표다. 시간을 아끼는 것만으로 충분하지 않다. '엠제이'는 시간을 내 편으로 만들라고 말한다. 많은 시간을 들이지 않아도 수익을 낼 수 있는 방법을 찾으라고 조언한다. 내 시간을 할애하지 않아도 부(富)가 쌓이도록 해야 한다. '시간을 아이 편'으로 만들자. '시간이라는 숫자'에 집중하자.

백화점에 없는 두 가지가 무엇일까? 시계와 창문이다. 이유가 무엇일까? '심리를 이용한 백화점의 마케팅 전략'이라고 한다. 벽에 시계가 걸려 있으면 사람들이 수시로 시간을 확인한다. 쇼핑에 집중하지 못한다. 갑자기 흐려진 하늘을 보면 서둘러 집으로 돌아간다. 시계와 유리창은 쇼핑 방해꾼이다. 소비에 집중하는 마케팅 전략이 필요하다. 시간을 낭비하는 삶은 부자와 거리가 멀다. 부자는 돈으로 시간을 사는 사람들이다. 돈을 다른 사람의 시간과 바꾸는 사람들이다. 시간의 자유를 만드는 사람들이다. 아이가 '숫자로 세상을 보게' 하자.

다양한 매체들이 나와 아이의 소비를 부추긴다. 소비를 넘어 낭비를 만든다. 낭비하는 사람은 부자가 될 수 없다. 부자는 낭비하지 않는다. 아이가 '숫자를 통해 세상을 볼 수 있도록' 교육하자. '덧셈, 뺄셈 시험에 100점을 맞기'나 '구구단 외우기 1등'을 목표로 하라는 말이 아니다. 수학 100점이 경제 100점을 보장하지 않는다. 100점짜리 학교 성적표가 100점짜리 경제 성적표를 책임지지 않는다. 학교 공부보다 경제 공부를 우선해야 하는 이유다. 아이가 '시간'이라는 '숫자를 통해 세상을 보도록' 교육하라.

3) 부자의 경제 교육은 '돈 활용 능력을 키우는 것'이다

'에베니저 스크루지(Ebenezer Scrooge)'는 '찰스 디킨스'의 소설 『크리스마스 캐롤』에 등장하는 주인공이다. '스크루지'는 인색한 구두쇠다. 동업자였던 '말리'가 유령으로 나타나 '스크루지'에게 충고한다. 그 후 세 명의 유령과 함께 '스크루지'는 자신의 과거, 현재와 미래를 본다. 평생 돈 모으는 일에 집착한 모습을 되돌아본다. 돈을 움켜쥐기에 급급했던 부끄러운 모습을 반성한다. '스크루지'는 평생 돈을 모으는 능력만 키웠다. 돈을 활용하는 능력을 키우지 못했다. 꿈에서 깬 '스크루지'는 선한 일을 위해 모아둔 많은 '돈을 사용'하기 시작한다.

사람들은 부자가 되기 위해 다양한 노력을 한다. 돈을 버는 일에 집중한다. 눈에 보이는 재산을 늘리는 일에 집중한다. 진정한 부자는 유형(有形)의 재산을 많이 가진 사람이 아니다. 물질의 풍요로움을 나와 내 가족뿐만 아니라 주위에 흘려보내는 사람이다. '경주(慶州) 최 부자'는 소문난 부자다. 자손 대대로 '최 부자 육훈(六訓)'이라는 가훈(家訓)이 내려온다. '100리 안에 굶어 죽는 사람이 없게 할 것'이라는 가훈이 유명하다. 부자의 넉넉한 마음이 돋보인다. 올바른 부자의 도리(道理)를 가르쳐준다. 돈을 '선하게 활용한 부자'의 좋은 모델이다.

기업인이자 『돈의 속성』의 저자인 '김승호' 회장은 "돈은 인격체다."라고 말한다. 사람들이 돈을 좋아한다. 돈도 자기를 좋아하는 사람을 좋아한다. 돈은 자기를 존중하는 사람에게 간다. 돈은 언제든지 자기를 더 좋아하는 사람에게 떠날 준비가 되어 있다. 혹자는 '돈을 에너지'에 비유한다. 돈은 흐르는 것이다. 돈을 좋아해야 한다. 돈이 나와 내 아이에게 모이게 해야 한다. 돈을 흘려보내야 한다. 돈이 좋은 에너지가 되어 친구와 이웃에게 흘러가게 해야 한다. 아이가 '선한 일, 긍정적인 일, 행복한 일에 돈을 선하게 활용하도록' 가르치자.

시중에 부자 되는 법에 관한 책들이 넘쳐난다. 절약하는 방법, 투자하는 방법과 같이 돈을 버는 법에 관한 책들이 대부분이다. 돈을 키우는 방법을 가르쳐주는 사람들이 많다. 안타깝게도 돈을 활용하는 법에 관한 책은 찾아보기 힘들다. 남을 위해 돈을 사용하는 구체적인 방법을 가르쳐주는 스승을 찾기 어렵다. 아이에게 '돈을 활용하는 방법'을 가르치자. 남을 위해 돈을 선하게 활용하는 매뉴얼을 만들어보자. '스크루지'가 모은 돈을 이웃을 위해 기부하고 흘려보낸 것을 기억하자. '돈 활용 능력'이 부자의 경제 교육임을 다시 한 번 강조하자.

학력이 미래를 보장하던 시절이 있었다. 자본주의 발달로 빈부의 격차가 심해졌다. 더 이상 학교 교육만으로 부(富)와 미래를 보장받을 수 없다. 학교 교육보다 경제 교육이 중요한 이유다. 아이에게 '부자의 추월차선을 타는 경제 교육'을 하자. 소 등에 올라탄 쥐가 1등을 차지했다는 사실을 기억하자. 아이가 '숫자를 통해 세상을 보도록' 훈련하자. 부자는 돈으로 시간을 산다. '시간이라는 숫자'가 아이 편이 되게 하자. 부자는 돈을 모으는 사람이 아니다. 돈을 '활용하는 능력'이 아이를 부자로 만든다. 아이에게 선한 일에 '돈을 활용하는 능력'을 가르치자. 경제 교육은 이론이 아니라 삶이다. 더 이상 경제 교육은 선택과목이 아니라 생존과목이다. 아이의 학교 성적보다 부자 공부에 집중하자.

부자의 경제 교육 따라잡기 Tip

1) 아이와 '지리산에서 가장 빨리 서울에 가는 법'을 이야기해보자.(3Lv)

2) 아이와 함께 동요 '숫자송'에 '너'를 '돈'으로 바꿔 불러보자.(1Lv)

3) 아이와 '1,000원으로 다른 사람을 행복하게 하는 방법'을 찾아보자.(2Lv)

2

사교육 Stop! 경험에 투자하라

: 제주도에 사는 중학생 사업가!

2022년 3월 11일에 '교육부와 통계청이 함께 실시한 2021년 초 · 중 · 고 사교육비 조사 결과 발표'가 중앙일보에 실렸다. 기사에 따르면 "지난해 사교육비 지출 총액은 23조 4,000억 원이다. 전년도보다 21% 급등해 금액과 증가율 모두 사상 최고치였다"고 한다. 인상적인 것은 1인당 월평균 사교육비가 36만 7,000원이라는 점이다. "1인당 월평균 사교육비는 사교육을 받지 않은 학생들까지 포함한 평균치다. 사교육을 받은 학생만 기준으로 하면 월평균 사교육비가 48만 5,000원으로 높아진다." 방과 후 학교와 EBS 교재비, 어학 연수비도 빠진 금액이다.

1) 부자는 사교육비 대신 '도전 경험'에 투자한다

코로나 펜데믹이라는 상황을 고려해도 적지 않은 금액이다. 고등학생의 월평균 사교육비가 초등학생보다 1.6배 정도 높았다. 기준을 초등학교 월평균 사교육비 36만 7,000원으로 고정하고 계산하자. 초등학교 1학년부터 고등학교 3학년까지 12년간 약 5,284만 8천 원이다. 한 아이를 교육하기 위해 5,000만 원이 넘는 돈을 사교육으로 사용하고 있다. 한 가정에 아이가 둘이면 사교육비로만 사용되는 돈이 1억 원 이상이다. 공부에 재능을 보이는 아이는 몇 안 된다. 왜 엄마들은 아이의 관심이나 재능과 상관없이 많은 돈을 사교육에 사용하는 것일까?

유튜브 '쭈니맨'을 운영하는 유튜버 '권준(쭈니)' 군은 경제 독립을 꿈꾸는 중학생이다. 이미 주식, 오프라인 사업, 소셜 커머스를 경험했다. '쭈니'는 7살에 첫 사업을 시작했다. 미니카(mini car) 판매 사업이다. 당시 자신이 좋아한 미니카를 판매하기 시작했다. 추석이나 생일에 받아 모아둔 용돈을 미니카 사업자금으로 투자했다. '쭈니'는 엄마 사업장에서 자판기 사업으로 이미 수익을 낸 경험도 있다. 태어났을 때부터 받아 모은 2,000만 원의 용돈으로 13살에 주식을 시작했다. 엄마는 사교육 대신 아들의 다양한 '도전 경험'에 과감하게 투자했다.

사교육비 5,000만 원으로 아이를 위해 다양한 도전을 시작해보자. '일론 머스크(Elon Musk)'는 '테슬라의 CEO'이자 '스페이스 엑스의 CEO'다. 성공한 미국의 기업인이다. 전기차의 수효가 계속 늘어난다. 미래 산업으로 자율주행차의 전망도 밝다. '일론 머스크'가 큰 부(富)를 이룬 것은 그의 어머니 '메이 머스크(Maye Musk)' 덕분이다. '메이 머스크'는 세 아들의 다양한 도전 경험을 격려했다. 12살의 '일론 머스크'에게 "네가 좋아하는 것을 다 해봐."라며 '도전 경험'에 투자했다. '메이 머스크'는 아이들이 자신만의 길을 찾을 수 있게 돕는 역할을 했다.

'일론 머스크' 사업이 처음부터 성공한 것은 아니다. 사업이 어려워진 아들에게 '메이 머스크'는 1만 달러의 거금을 투자했다. '일론 머스크'의 가능성과 '도전 경험'에 재정적으로도 과감히 투자한 것이다. '일론 머스크'를 부자로 이끈 건 사교육이 아니다. '메이 머스크'는 '도전 경험'에 투자했다. 아들의 가능성과 '도전 경험'에 지원을 아끼지 않았다. 아이를 위한 '경험 투자'가 세계적인 부자를 낳았다. 사교육비 대신 '쭈니'의 '도전 경험'을 가르쳐라. '일론 머스크'의 '도전'도 참고하자. 내 아이가 좋아하는 것에 '도전'할 수 있도록 '투자'를 시작하자.

2) 부자는 사교육비 대신 '실패 경험'에 투자한다

아이의 첫걸음마 날을 떠올려보자. 기던 아이가 갑자기 가구를 붙잡는다. 끙끙거리며 일어선다. 흔들흔들 균형을 잡는가 싶더니 넘어진다. 울음을 터뜨리다가 다시 시도한다. 엉덩방아를 찧고 넘어지기를 수없이 반복한다. 누구나 똑같이 겪는 과정이다. 균형 있게 설 수 있을 때 발을 앞으로 내딛는다. 아무도 넘어지는 아이에게 실패했다고 하지 않는다. 넘어져 우는 아이에게 걷기를 포기하라는 부모도 없다. 오히려 아이가 넘어질 때마다 '괜찮다'고 격려한다. 스스로 일어설 때마다 박수치고 기뻐한다.

아이가 어릴 때부터 넘어지는 경험을 많이 쌓아야 한다. 넘어져야 균형감각을 익힌다. 균형 있게 설 수 있다. 안정적으로 서야 걸음마를 시작할 수 있다. 많이 넘어질수록 빨리 선다. 많이 아플수록 안정적으로 걷는다. 넘어지는 경험을 통해 근육 사용법을 아이 스스로 익힌다. 실패를 받아들일 용기를 배운다. 실패와 마주할 배짱이 생긴다. 실패의 경험이 아이를 다음 단계로 나가게 한다. 실패를 막지 마라. 부자들을 따라 '실패경험'에 투자하라. 학원에서 배운 적 없는 것들을 터득할 것이다. 누구도 가르쳐주지 않는 값진 것을 배울 수 있다.

인상 깊게 기억에 남는 '세바시(세상을 바꾸는 시간) 강연'이 있다. 'OGQ(오지큐)의 대표이사'인 '신철호' 대표의 이야기다. '신 대표'는 '실패경험'을 값진 인연(因緣)과 투자의 기회로 만들었다. 실패를 두려워하지 않고 시간과 열정으로 다시 도전했다. '신 대표'는 카투사(KATUSA) 시절 읽고 싶은 책 목록과 편지를 부잣집 문과 차에 끼워뒀다. '책을 사주시면 고마움을 절대 잊지 않겠다'는 내용이었다. 2년 후 '김형순 대표'로부터 연락이 왔다. 처음 만난 '김 대표'에게 도서비와 사업 투자비를 지원받았다.

OGQ는 글로벌 기업이다. '신 대표'는 사업을 확장시킬 때도 '실패 경험'에 넘어지지 않았다. 절실함으로 시작하니 어떤 장애물도 문제가 되지 않았다. '실험' 정신으로 '실패 경험'을 철저히 분석했다. 발견된 오류들을 개선해 나갔다. 한계를 깨뜨리며 사업을 확장했다. '실패 경험'에 투자하는 삶이 얼마나 가치 있는지 보여준다. 아이가 실패를 경험하게 하라. 성공보다 실패에 관심을 보이라. 실패로 무엇을 배웠는지 물어보라. 실패를 기록하게 하라. '실패 경험'이 부(富)를 방해하는 것들을 제거할 것이다. '실패 경험'이 아이를 부자로 성공하게 할 것이다.

3) 부자는 사교육비 대신 '인내 경험'에 투자한다

흔히 부자가 되려면 특별한 기술이 필요하다고 생각한다. 부자가 되는 방법도 중요하다. 부자는 기술이 아니라 태도다. 부(富)를 향한 간절함과 인내가 필요하다. 혹자는 주식 투자를 하는 사람들에게 충고한다. "주식에 투자했으면 10년 동안 잊고 살라"고 말이다. 충분한 가치 분석과 기업에 대한 확신으로 투자를 결정했다면 남은 건 시간문제다. 인내심을 가지고 기다리면 된다. 부자들은 '인내 경험'의 달인이다. 소중한 자산을 투자했으니 믿고 기다린다. '인내 경험'에 시간과 노력을 집중한다. 이쯤 되면 돈이 돈을 끌어온다.

병아리는 스스로 알을 깨고 나온다. 껍질을 쪼아 밖으로 나오기까지 24시간 이상 걸린다. 48시간이 걸리기도 한다. 병아리가 조금씩 움직이며 스스로 빠져나온다. 시간이 걸리더라도 자기 힘으로 막을 뚫어야 한다. 단단한 껍질을 쪼아야 한다. 여린 날개로 막을 뚫는 데 오랜 시간이 걸린다. 조그만 부리로 껍질을 쪼는 데 인내가 필요하다. 막을 찢으며 날개 근육에 힘이 생긴다. 단단한 껍질을 쪼면서 부리에 힘이 생긴다. 그동안 자신을 감싸고 보호했던 알에서 나오는 것이 첫 번째 도전이다. 생애 첫 '인내' 경험에 짧지 않은 시간이 필요하다.

'워런 버핏(Warren Buffett)'은 버크셔 해서웨이의 CEO다. '버핏'의 자산은 약 1,300억 달러로 알려졌다. '버핏'은 주식 투자를 시작한 사람들의 모델이다. 성공적인 투자를 원하는 사람들이 '버핏'과 만나고 싶어 한다. 큰돈을 들여서라도 만남을 원한다. '버핏'과의 점심 식사비가 증명한다. '버핏'은 "서두르지 말라"고 말한다. "성공적인 투자엔 오랜 시간이 걸린다."라고 강조한다. '버핏'은 열한 살 때부터 투자를 시작했다. 92세인 지금의 나이를 생각하면 투자에 얼마나 '인내'가 필요한지 알 수 있다. '인내 경험'은 부(富)의 필수 조건이다.

"참을 인(忍) 자 셋이면 살인도 피한다"는 말이 있다. 문장을 바꿔 적어 보자. "참을 인(忍) 자 셋이면 가난도 피한다." 세상이 너무 빨리 변한다. 급변하는 사회에 적응하려면 민첩성과 순발력이 필요하다. 속도가 생명이다. 투자의 경우는 반대다. 서두르지 않아야 한다. 병아리가 알을 깨고 나오기까지 '인내'가 필요하다. 열한 살에 투자를 시작한 '버핏'은 80년이 지나도 지속적으로 투자한다. 사교육의 유혹 앞에서 참을 인(忍)을 써보자. 아이에게 '인내 경험'을 충분히 훈련하자. 큰 부(富)를 이룬 사람들은 '인내 경험'에 적극적으로 투자했음을 기억하자.

아이를 20살까지 교육하는 데 필요한 사교육비는 약 5,000만 원이다. 2021년 통계에서 초등학교 1학년을 기준으로 환산한 금액이다. 아이가 공부에 흥미가 없다면 사교육 대신 다른 경험에 투자하자. 부자들을 따라 다양한 경험에 투자하자. 사교육비 대신 '도전 경험'에 투자하자. '메이 머스크'가 아들이 좋아하는 것에 과감하게 투자한 것을 기억하자. '도전 경험'에 투자한 아이가 부자가 된다. 사교육비 대신 '실패 경험'에 투자하자. 보다 적극적으로 '실패 경험'에 투자하라. '실패'를 통해 균형을 잡아야 걸음마가 시작된다. 사교육비 대신 '인내 경험'에 투자하자. 투자의 귀재 '버핏'의 투자는 지금도 인내하며 지속되고 있다는 것을 명심하자.

경험에 투자하기 Tip

1) 아이가 '100만 원으로 도전할 수 있는 사업'을 함께 찾아보자.(4Lv)

2) 아이와 '실패 일기 쓰기'를 시작하자.(3Lv)

3) 아이와 '참을 인(忍, 를) 자 셋이면 가난도 피한다'고 적어 현관문에 붙이자.(2Lv)

3

어른들의 일터를 구경시켜줘라

: '리카싱' 회장의 두 아들이 회의장에서 울었다고?

'리카싱(Li Ka Shing)'은 '청쿵 플라스틱'의 창업자이다. 몇 년 전까지 아시아 최대의 갑부 자리를 차지했다. 현재 95세인 리카싱은 자산이 약 47조 원으로 추정된다. 두 아들 '빅터 리(Victor Li)'와 '리처드 리(Richard Li)'도 유명 사업가로 활약 중이다. '리카싱'의 젊은 시절 초등학생이었던 두 아들을 회사에 데리고 갔다. 심지어 이사회를 참관(參觀)하게 했다. 아들들은 험한 회의 분위기에 놀라서 울었다. 고성(高聲)이 오가고 논쟁이 끊이지 않는 회의가 무서웠을 것이다. 비즈니스가 쉽지 않다는 것을 일찍 배웠기에 큰 사업가로 성공했다.

1) 부모의 직장은 '가업(家業) 전승(傳乘)'의 좋은 기회다

'고트프레드 키르크 얀센(Godtfred Kirk Kristiansen)'은 레고 그룹(The LEGO Group) 창업자의 아들이다. 혹자는 플라스틱 레고를 만든 기업가라고 한다. '고트프레드'의 아버지는 목수였다. '고트프레드'는 어려서부터 아버지의 목공소 일을 도왔다. '고트프레드'가 심심해서 만든 나무 장난감들이 인기를 얻는다. 일감이 줄어든 목공소에 새로운 기회였다. 큰 화재로 공장이 불타는 위기도 아버지와 함께 극복했다. '고트프레드'는 새 작업장에서 플라스틱 장난감을 만든다. 뇌출혈로 쓰러진 아버지 대신 '고트프레드'가 73세까지 회사를 맡는다.

목공소는 '고트프레드' 아버지의 직장이었다. 목공소에서 아버지를 돕는 일은 '고트프레드'의 일상이었다. 아버지의 올곧은 성품을 본받을 기회였다. 기업가의 마인드를 배우는 시간이었다. 자연스럽게 시장의 변화를 연구할 수 있었다. 아버지가 위기를 극복하는 방법도 배웠다. 아버지의 직장인 목공소는 '레고'의 공장이 되었다. 큰불로 타버린 목공소 대신 새로 지은 작업장에서 '완구 기업'을 정식 회사로 등록한다. 아버지를 돕기 위해 시작한 일이 '고트프레드'를 기업의 대표로 만들었다. 아버지의 '가업'을 '전승'했다.

부모의 직장이 아이에게 '가업을 전승'할 수 있는 기회다. 드라마나 영화에서 본 대기업 상속과 다른 이야기다. 상속을 위한 교육이 아니다. 부모가 이룬 부(富)를 자녀에게 물려주는 경영 수업 얘기가 아니다. 아이가 어릴 때 직장에 데리고 가라. 부모가 사회 구성원으로서 어떤 역할을 하고 있는지 직접 가르쳐라. '고트프레드'가 아버지의 일터를 '가업'으로 키운 것을 기억하라. 현재는 '고트프레드'의 아들 '켈'이 레고의 3대 회장이 되었다. 덴마크의 작은 목공소가 '가업 전승'의 기적을 이루었다. 세계적인 기업 레고는 부모의 직장에서 시작됐다.

유명한 전통 음식의 '장인(匠人)'들이 많다. 주로 종가(宗家)의 맏며느리들이다. 우리 전통 음식은 여러 대(代)에 거친 '가업'이 대부분이다. 과거 남존여비(男尊女卑)의 사회 분위기가 여성들을 집 안에 머무르게 했다. 결혼한 여성들은 시가(媤家)의 가풍과 전통을 배웠다. 며느리에게 시가는 가정이자 직장이었다. 집안 고유의 장 담그기, 김치 담그기, 전통 과자 만들기를 배웠다. 시간이 지나고 숙련된 기술 덕분에 '장인'이 되었다. 오랜 세월이 대(代)를 잇는 '장인'들을 키웠다. 아이를 직장에 데려가라. 아이가 '가업'을 잇고 새로운 기업가의 꿈을 꿀 것이다.

2) 부모의 직장은 '진로 교육'의 좋은 기회다

몇 년 전 박사과정으로 연구실에 있을 때의 일이다. B는 연구실 오픈랩(open lab)에 참여한 중2 학생이었다. 오픈랩은 일반인, 학생들, 어린 유아들에게도 연구실을 개방하는 행사다. B는 다른 아이들과 제법 달랐다. 유난히 연구실 곳곳을 꼼꼼하게 관찰했다. 눈을 반짝이며 강한 호기심을 보였다. 덩달아 신이 났다. 알고 보니 B의 아버지가 제약회사에 다니고 계셨다. B는 어렸을 때 아버지의 제약회사에 갔다. 연구원으로 일하시는 모습이 너무 멋있었다고 했다. B도 아빠처럼 제약회사 연구원이 되고 싶다고 했다.

부모의 직장은 아이에게 꿈을 꾸게 한다. 새로운 비전(vision)을 심어준다. 자연스럽게 '진로 교육'의 기회가 된다. 아이는 직장에서 일하는 부모가 낯설게 느낀다. 아이가 부모의 직업에 더 큰 관심을 기울인다. 관련 직업들도 적극적으로 찾는다. 친근함과 이해도가 높아진다. 지인들의 직업에도 관심이 생긴다. 주변 어른들의 직업이 새롭게 보인다. 아이 스스로 다양한 '진로 탐색'을 시작한다. B가 제약회사 연구원을 '진로'로 정한 것은 아버지의 직장 방문에서 시작됐다. 이미 많은 시약들의 이름과 기능을 줄줄 외우고 있던 B의 모습이 기억난다.

'리오넬 메시(Lionel Andres Messi)'는 세계적인 축구선수다. 아르헨티나 축구 국가대표팀 주장을 맡고 있다. '리오넬 메시'는 아르헨티나의 로사리오는 축구로 유명한 도시다. 세계적인 선수들을 많이 배출했다. 그의 아버지도 축구선수이자 지역 축구 클럽 코치였다. 운동장은 아버지의 직장이자 '리오넬 메시' 선수의 놀이터였다. 아버지를 따라다니며 공과 친해졌다. 형들도 축구를 좋아했다. 형들과 축구 하는 것이 일상이었다. 어려서 축구에 소질을 발견했다. 공을 사랑하고 축구를 생활화하게 만든 환경이 '리오넬 메시'를 세계적인 스타로 만들었다.

부자들은 자녀들을 직장에 데려간다. 자신들의 일터를 교육의 기회로 활용한다. 부모의 일터가 '진로 교육'의 기회가 된다. 막연하게 상상만 했던 직업을 체험할 수 있다. 현장 상황을 엿볼 수 있다. 예상과 다른 현실을 배우기도 한다. 아이를 부모의 직장에 데려가라. 아이가 좋아하는 것을 새로 발견할 수 있다. 미래 직업을 준비할 기회를 주라. '누가, 무엇을, 어떻게 가르치는가'도 중요하다. 아이의 모델이자 지원자인 부모가 멋진 '진로 상담사'가 될 수 있다. 부자들처럼 직장을 아이의 놀이터로 활용하자. '진로 교육'의 좋은 기회를 꼭 붙잡자.

3) 부모의 직장은 '현장 교육'의 좋은 기회다

'월트 디즈니(Walt Elias Disney)'는 미국의 만화 제작자이자 기업가다. '디즈니'의 아버지는 엄격하고 부지런한 사람이었다. 어린 아들들도 농장 일을 시켰다. 농장 일을 하기에 너무 어렸던 '디즈니'는 동물들에게 먹이를 주고 청소하는 일을 맡았다. '디즈니'는 동물들을 친구 삼아 지냈다. 형들은 '디즈니'가 바닥에 그린 동물 그림을 보며 남다른 관찰력에 감탄

했다. 아버지의 농장은 '디즈니'만의 그림과 영화의 자산이 되었다. 아무도 따라 할 수 없는 상상력과 창의력의 출발지였다. '디즈니'에게 아버지 농장은 값진 '현장 교육'의 장(場)이 되었다.

몇 년 후 '디즈니'의 아버지는 신문 보급소를 한다. 아버지는 신문 보급소의 일도 '디즈니'가 함께 돕도록 했다. 새벽 3시 30분에 일어나 신문을 돌리는 일을 마쳐야 학교에 갈 수 있었다. 수업을 마친 후에도 신문 배달은 계속됐다. 신문에 연재된 만화는 '디즈니'에게 소소한 기쁨을 안겼다. '디즈니'가 새로운 꿈을 꾸게 했다. '디즈니'는 세상 사람들을 행복하게 하고 싶었다. 아버지 직장에서의 '현장 경험'이 '디즈니'의 만화를 세상에 탄생시켰다. 농장에서 만난 '쥐, 오리, 닭, 개, 사슴' 친구들을 세상에 선보였다. '디즈니'를 세계적인 기업가로 만들었다.

유대인 부모들은 아이를 자신의 일터에 데려간다. 가만히 앉아서 기다리게 하지 않는다. 장사를 돕게 하거나 부모가 하는 일에 참여시킨다. 아이가 자연스럽게 시장 경제를 배운다. 고객을 대하는 부모의 모습을 따라 한다. 수입과 지출 정리를 가르친다. 돈의 소중함을 깨닫는다. 자연스레 돈을 아껴 쓴다. 스스로 어떻게 돈을 벌 것인가를 고민하게 된다. 진로를 탐색한다. 주변 사람들의 지혜를 구한다. 유대인들이 세계 경제 상위를 차지하는 이유다. 기억하자. 유대인의 특별한 경제관은 '현장'에서 시작됐다. 부모의 직장이라는 '현장'에서 말이다.

아이를 부모의 직장에 데려가라. 아이에게도 참여의 기회를 줘라. 부모의 일터가 산업의 중요한 활동임을 가르쳐라. 부모의 직장 생활이 가정 경제의 시작임을 깨닫게 하라. 경제에 관심을 가질 것이다. 일찍 경제에 눈떠야 부자가 될 수 있다. 부자를 꿈꾼다. 자신도 부자가 될 수 있다고 믿는다. 부(富)를 이루기 위해 지식을 발휘한다. 돈의 소중함을 알고 소중하게 다룬다. 지혜가 쌓인다. 부(富)를 누릴 수 있다. 주변 사람들과 자녀들에게도 가르친다. 부(富)의 선(善)순환이 이루어진다. 내 자녀도 큰 부(富)의 주인공이 될 수 있다.

부자 부모들은 아이를 자신의 일터에 데리고 간다. 리카싱이 어린 두 아들을 직장에 데리고 간 것을 기억하자. 이사회를 보면서 비즈니스의 어려움을 일찍 깨달았다. 두 아들 모두 큰 부자가 되었다. 아이를 부모의 직장에 데려가라. 부모와 어려움도 함께 극복한다. '가업 전승'의 기회가 될 수 있다. 부모의 직장은 '진로 교육'의 기회가 될 수 있다. 미래의 직업을 준비할 기회를 주라. 운동장은 세계적인 선수 '리오넬 메시'의 놀이터였다. 부모의 직장은 '현장 교육'의 좋은 기회다. '월트 디즈니'가 세계적인 사업가가 된 것은 아버지 농장에서 돌본 동물 친구들 덕분이다. 부자들처럼 부모의 직장을 아이에게 좋은 경제 교육의 장(場)으로 활용하자.

좋은 경제 교육 Tip

1) 아이와 '가업을 이어가는 전통 음식 장인'을 찾아보자.(3Lv)

2) 아이와 '부모 직업 인터뷰 영상'을 만들어보라.(3Lv)

3) 아이에게 '부모(또는 지인) 직장 현장 체험의 날'을 기획해보자.(4Lv)

4

다양한 놀이에 도전하라

: 아이들이 세금을 내는 나라!

'활명수(활기차고 명랑한 수다쟁이들)' 나라에 사는 국민의 이야기를 아는가? '활명수' 나라 국민은 초등학생이다. '옥효진' 작가의 『세금 내는 아이들』에 나오는 이야기다. 경제와 금융을 가르치는 '학급 화폐 활동 놀이'다. '활명수' 나라 국민은 각자가 스스로 돈을 벌어 월급을 받는다. 국가에 세금도 낸다. 개인 직업도 있고 은행도 있다. 있던 직업이 사라지거나 새로운 직업이 생겨나기도 한다. 보험으로 위험에 대비하고, 투자도 한다. 심지어 프로젝트와 경매에도 참여한다. '활명수' 나라는 돈으로 움직인다. 현직 초등학교 교사가 만든 학교 현장 이야기다.

1) '호기심과 상상력을 키우는 놀이'가 경제 공부다

최근에 아이와 놀았던 기억을 떠올려보자. 아이와 '어떤 놀이'를 했는가? 영아기 아이를 둔 엄마들은 놀이에 관심이 많다. 영상을 참고하고 교구 상담도 받고 전문가의 책을 사서 공부한다. 주로 오감(五感)을 자극하는 놀이다. 대근육의 발달을 돕는 놀이다. 유아기 아이 엄마들도 놀이에 관심이 많다. 소근육의 발달을 돕는 놀이다. 아이의 관심이 모아놓은 장난감들도 많아진다. 슬슬 학습을 시작한다. 숫자도 가르치고 글자도 가르친다. 엄마와의 놀이는 더 이상 놀이를 위한 놀이가 아닌 학습을 위한 준비 작업이다.

아동기(학령기) 아이 엄마들은 어떠한가? 이제 놀이에 관심을 보이는 엄마는 거의 없다. 아이에게 약속이나 보상으로 게임기나 스마트폰 속 놀이를 허락하는 게 전부다. 아동기 아이들은 본격적인 학습을 시작한다. 더 이상 놀이가 아닌 학습이다. 글자가 만든 세상을 놀이로 알아가던 시기는 끝났다. 한글을 떼고 긴 글을 유창하게 읽어내기 위한 학습을 한다. 더 이상 숫자 노래를 부르며 사탕을 세지 않는다. 세 자리 숫자를 익혀 덧셈과 뺄셈 학습지를 풀기 바쁘다. 심지어 어떤 엄마는 아동기 이전의 아이에게 학습을 시작한다.

전문가들은 유아기와 초등 저학년의 시기까지 다양한 놀이를 경험해야 한다고 조언한다. '정신의학과 전문의' '오은영 박사'는 "놀이는 아이의 뇌에 길(路)을 만드는 것과 같다"고 말한다. 놀이는 어마어마한 힘을 가졌다. 부자들은 놀이의 힘을 잘 안다. 아이가 충분히 놀게 한다. 아이와 잘 놀아준다. '스티븐 스필버그(Steven Spielberg)'는 '호기심'과 '상상력'이 뛰어난 아이였다. 괴짜 분장으로 동생을 놀라게 했다. 소리의 원리가 궁금해 피아노 뚜껑을 열고 들어가 야단을 맞았다. '스필버그'에게 세상은 온통 훌륭한 놀잇감이었다.

어머니가 읽어준 동화책은 호기심을 더 키웠다. 아버지와 유성우(별똥별)를 관찰하며 밤하늘에 마음을 빼앗겼다. 전기 기술자였던 아버지 덕에 TV나 비디오카메라를 일찍 접했다. 영화 보는 것을 좋아해 직접 만들기에 도전한다. 13세에 처음으로 영화를 만들었다. 자신의 상상력을 발휘하면 못 할 일이 없었다. 호기심이 머나먼 우주의 〈ET〉와, 바다의 〈죠스〉를 세상에 내놓았다. 남다른 호기심과 상상력은 '스필버그'를 천재 영화감독으로 만들었다. '호기심과 상상력이 경제 공부'다. 아이와 '호기심과 상상력을 키우는 놀이'를 시작하자.

2) '소통을 키우는 놀이'가 경제 공부다

'함연지' 씨는 뮤지컬 배우이자 탤런트다. 유튜브 '햄연지' 채널을 운영하는 유튜브 창작자(크리에이터)다. 긍정적이고 웃음이 많다. 구독자들과 '소통'도 참 잘한다. 평범한 일상을 공유하고 SNS에서 친근한 이미지다. 종종 아버지인 오뚜기의 '함영준' 회장이 출연한 영상도 소개한다. 이젠 아버지 '함 회장'도 옆집 아저씨처럼 익숙하다. 오뚜기는 '소통'을 잘하는 기업이다. 코로나19 의료진에게 컵라면 바닥에 감사 메시지를 새겨 감동을 줬다. 이익만 생각하지 않고 소비자와 소통하는 착한 기업이다.

'함연지' 씨는 자신의 채널에서 "함연지는 어린 시절 사고뭉치였다"고 한다. 두루마리 휴지로 집 전체를 감고, 휴지를 뽑아 방안에 휴지 산(山)을 만들기도 했다. '함연지' 씨의 어머니는 책 놀이로 딸과 소통했다. '함 회장'은 딸이 무엇을 하고 싶은지 소통했다. 그 덕분에 뮤지컬 배우가 될 수 있었다. '함연지' 씨는 '함 회장'의 사무실도 채널에 소개했다. 아버지와 데이트 일상도 공개했다. 영상 속 '함 회장'의 푸근한 미소도 구독자와 행복하게 소통한다. 소통하는 기업이 소비자의 마음을 사로잡는다. '소통이 경제력'이다. '소통하는 놀이'가 경제 공부다.

인성 교육에서 '역지사지(易地思之)'의 마음이 중요하다. 상대에게 관심을 기울여야 마음이 전해진다. 상대를 존중해야 마음을 이해한다. 상대에게 예의를 갖춰야 마음이 전해진다. '역지사지'의 마음이야말로 소통의 시작이다. 놀이로 소통을 가르쳐라. 친구와 소통하고 세상과 소통할 것이다. 사업 파트너와 소통하고 고객과 소통할 것이다. 돈과 소통하고 부(富)와 소통할 것이다. 부자 부모는 놀이로 아이와 소통한다. 놀이로 세상에 눈뜨게 한다. '놀이로 경제를 교육'한다. 아이의 '소통을 키우는 놀이'를 시작하자.

세계 최대 커피 체인점 '스타벅스(Starbucks)'에는 무선 호출벨이 없다. 주문한 커피가 완성되면 고객의 이름을 부른다. 매장의 크기나 사용자의 규모를 생각하면 비효율적이다. '스타벅스'만의 기업 이념이다. '한 사람의 고객에게 정성을 다한다'는 특별한 전략이다. 고객의 이름을 직접 불러 소통하는 것이다. 인간 중심의 특별한 경영 덕분인지 전 세계 시장 점유율 1위 브랜드다. 한국도 마찬가지다. '소통이 경쟁력'이다. '소통해야 부(富)'가 따른다. '오뚜기'와 '스타벅스'의 경쟁력은 '소통'이다. '소통이 경제 교육'이다. '놀이로 아이의 소통력'을 키우자.

3) '요리 놀이'가 최고의 경제 공부다

아이들은 '요리'를 좋아한다. 먹는 '요리'도 좋아하지만 만들기 '요리'를 더 좋아한다. 아이와 함께하는 '요리 놀이'는 많은 장점이 있다. 요리를 준비하고 만드는 과정에서 기대감을 준다. 완성되는 과정을 기다려야 한다. 인내심이 필요하다. 어떤 요리가 완성되어 가는지 집중한다. 집중력이 자란다. 부모의 지도에 따라 질서와 안전을 배울 수 있다. 시범을 보이는 부모를 따라 하면서 관찰력이 발달한다. 부모와 관계가 돈독해진다. 정서 발달에 긍정적 효과를 볼 수 있다. 뒷정리와 설거지를 통해 '정리 정돈과 위생 개념'을 배우게 된다.

'요리'로 다양한 과목을 학습할 수 있다. 재료의 원산지는 지리 개념을 배울 기회다. 레시피 확인 작업엔 암기력과 정확도가 중요하다. 계량하는 과정에서 무게와 부피 같은 수학 개념이 등장한다. 끓이고 볶는 과정은 과학 개념과 연결된다. 만약 요리의 기원을 살펴본다면 역사 교육에도 도움이 된다. 눈으로 보며 시각을, 냄새를 맡으며 후각을 자극한다. 조리되는 소리를 들으며 청각을, 손으로 만지며 촉각을 자극한다. 맛을 보며 미각을 자극한다. '요리 놀이'로 아이의 잠재된 감각들을 깨울 수 있다.

아이와 함께할 '요리 놀이'를 정하라. 메뉴를 정하면서 동기 부여가 된다. 함께하며 협동심이 자란다. 쉬운 것부터 역할을 나누는 역할 분담도 배운다. 자신이 맡은 부분을 해내는 책임감도 커진다. 자기가 할 수 있는 것을 찾아내는 자율성도 자란다. 스스로 완성한 것에 대한 성취감과 자기 효능감도 높아진다. 식(食)재료와 맛의 다양함도 깨닫는다. 규칙과 질서도 배운다. 더 이상 요리는 단순한 놀이가 아니다. '요리 놀이'는 '최고의 경제 공부'다. 아이와 '요리 놀이'를 시작하라. 다양한 감각을 깨우라. 부자의 성품을 훈련하라.

〈라따뚜이(Ratatouille)〉는 '월드 디즈니 픽사'가 제작한 최고의 애니메이션으로 꼽힌다. '레미'는 프랑스 최고 요리사가 꿈인 주인공이다. 사람이 아닌 생쥐다. 생쥐가 어떻게 요리를 한다는 말인가? 5성급 호텔 주방에서 '레미'는 재능 없는 견습생 '링귀니'와 만난다. 해고 위기에 있던 '링귀니'는 '레미'의 도움으로 음식의 세계에 눈을 뜬다. 시기, 질투와 방해, 편견의 장벽을 넘어 '레미'와 '링귀니'는 기적을 만들어낸다. 당장 '요리'를 하고 싶게 만드는 애니메니션 '라따뚜이'! 지금 바로 아이와 함께 감상하고 '요리 놀이'에 도전해보자.

'놀이'가 경제 공부다. 이미 '옥효진' 교사가 현장에서 아이들과 '놀이로 경제 공부'를 하고 있지 않은가? '활명수 나라'는 더 이상 가기 싫고 지루한 학교가 아니다. 기대되고 빨리 가고 싶은 신비한 나라다. '호기심과 상상력을 키우는 놀이'가 경제 공부다. '스필버그'는 왕성한 호기심을 놀이로 키웠다. 독특한 상상력 덕분에 천재 영화감독이 되었다. '소통을 키우는 놀이'가 경제 공부다. 오뚜기의 경쟁력은 소통이다. 놀이를 통해 아이가 세상과 소통하게 하라. '음식 놀이'가 최고의 경제 공부다. 음식 놀이로 잠재된 감각을 자극하라. 부자들은 놀이의 놀라운 힘을 안다. '놀이로 경제 공부'를 훈련하라. 부자를 따라 다양한 놀이를 즐긴 아이가 더 풍요로운 삶을 살 것이다.

경제 개념 이해하기 Tip

1) 아이와 '시장에 가면, ~도 있고' 말놀이를 '부자가 되면, ~도 사고'로 바꿔서 해보자.(3Lv)
2) 아이가 출제하는 '요즘 아이들이 즐겨 쓰는 줄임말 문제' 맞추기에 도전해보자.(3Lv)
3) 아이와 〈라따뚜이〉 애니메이션을 감상하고 '라따뚜이 요리 놀이'에 도전해보자.(3Lv)

내 아이
부자 만드는
핵심 노트

Part 2. 학교 성적보다는 부자 공부다

1 부자의 경제 교육을 최우선으로 하라

1) 부자의 경제 교육은 '부의 추월차선을 타는 것'이다
2) 부자의 경제 교육은 '숫자를 통해 세상을 보는 것'이다
3) 부자의 경제 교육은 '돈 활용 능력을 키우는 것'이다

2 사교육 Stop! 경험에 투자하라

1) 부자는 사교육비 대신 '도전 경험'에 투자한다
2) 부자는 사교육비 대신 '실패 경험'에 투자한다
3) 부자는 사교육비 대신 '인내 경험'에 투자한다

3 어른들의 일터를 구경시켜줘라

1) 부모의 직장은 '가업(家業) 전승(傳乘)'의 좋은 기회다
2) 부모의 직장은 '진로 교육'의 좋은 기회다
3) 부모의 직장은 '현장 교육'의 좋은 기회다

4 다양한 놀이에 도전하라

1) '호기심과 상상력을 키우는 놀이'가 경제 공부다
2) '소통을 키우는 놀이'가 경제 공부다
3) '요리 놀이'가 최고의 경제 공부다

PARCO
DELLA VITTORIA
L. 40.000
MONOPOLI
10.000

부자 부모는 놀이로 아이와 소통한다. 놀이로 세상에 눈뜨게 한다.
'놀이로 경제를 교육'한다. 아이의 '소통을 키우는 놀이'를 시작하자.

Part 3

12살까지 만들어주는 부의 파이프라인

1

독립적인 직업인으로 준비시켜라

: '프래니'는 복제 로봇 덕분에 연구에 집중한다?!

'드로우앤드류' 씨는 『럭키 드로우』의 작가다. '인플루언서'이자 '유튜브 창작자(크리에이터)'다. '드로우앤드류' 씨는 시각디자인을 전공했다. 미국 회사에 취업해 디자이너로 활동했다. 성실히 회사 생활을 했다. 프로젝트도 좋은 성과를 이뤘다. 5번의 이직을 하며 순식간에 자기 빈자리가 채워지는 것을 봤다. 그동안 회사에 좋은 인재가 되기 위해 노력하고 살았다는 사실을 깨달았다. 세상에 필요한 인재가 되기로 결심한다. 자신의 가치를 필요로 하는 사람들을 찾기로 한다. 대체 불가능한 인재가 되기로 한다.

1) 아이를 독립적 직업인으로 키우기 위한 '진로 교육'을 하라

"우리나라 임금 근로자들은 평균 49.3세에 퇴직하고 절반 가까이가 정년 이전에 비자발적인 조기 퇴직을 한다는 조사 결과가 나왔다"는 기사가 2022년 3월 8일자 '연합뉴스'에 실렸다. 사람들의 평균 수명은 길어졌는데 직장에서 일할 수 있는 기한은 짧아진 것이다. 퇴직 후에도 돈이 필요하다. 평균 49세의 시기엔 자녀들 학자금과 결혼 준비로 목돈이 필요하다. 몇 년 전 중년 남성들이 "은퇴 후에 치킨집 차리는 것이 소원이다."라고 했던 영상이 생각난다. 평생직장이라는 말이 무색하다. 은퇴가 진짜 은퇴가 아닌 시대를 살고 있다.

더 이상 남의 이야기가 아니다. 곧 내 앞에서 펼쳐질 현실이다. 내 아이는 어떠한가? 변화가 더 빨라지고 직업도 더 다양해지는 상황을 어떻게 대처해야 할까? 6~7년 전쯤으로 기억한다. 『청소년 진로 가이드』 책에서 글을 읽고 놀랐다. "미래를 살아갈 아이들은 40년간 10번 이상 직업이 바뀔 것"이라는 내용이었다. 40년 동안 10번이면 평균 4년마다 직업이 바뀐다는 것 아닌가? 너무 놀랐다. 당시 지도하던 중학생들은 "와! 그럼 엄청 재미있을 것 같아요. 심심할 틈이 없겠어요."라고 했다. "아휴! 아르바이트가 아니라 직업이란다." 하고 한숨짓던 기억이 난다.

코로나와 맞물린 경제 위기로 많은 사업장이 문을 닫았다. 직장을 잃은 실직자들이 많이 생겼다. 자동화와 AI(인공지능)의 발달로 직업들이 사라진다. 단순하게 반복하는 일은 이미 AI로 대체되기 시작했다. 심지어 전문직조차 다수가 사라질 전망이다. 이런 상황에서 내 아이를 어떻게 준비시켜야 할까? 독립적 직업인으로 키워야 한다. 다수의 직업을 가진 'N잡러'로 준비시켜야 한다. 다양한 직업을 공부하라. 독립적 직업인을 위한 준비 과정을 탐색하라. 10년 주기 로드맵을 작성하라. 직장은 독립적 직업인으로 성장하기 위한 발판일 뿐이다.

20여 년 전 목사님께 '사명'에 대해 배웠다. '내가 좋아하고, 잘하고, 시대가 나에게 요구하는 것'이 사명이다. 더 중요한 한 가지를 배우지 못한 자신을 발견했다. '돈이 되는 것' 혹은 '돈을 만들 수 있는 것'은 왜 빠뜨린 것일까? 아무도 나에게 돈을 그냥 주지 않는다. 돈은 벌어야 한다. 그동안 돈을 벌기 위해서 직장에 들어가야 한다고 배웠다. 꼭 그렇지 않다. 직장이 없어도 돈을 벌 수 있다. 나의 가치와 돈을 바꾸면 된다. 가치를 돈으로 바꿀 수 있는 직업을 가지면 된다. 독립적 직업인 '진로 교육'을 시작하자. 부(富)의 시작은 '진로 교육'이다.

2) 아이를 독립적 직업인으로 키우기 위한 '역량 강화'를 하라

'프래니'는 엽기 과학 소녀다. '짐 벤튼'의 『엽기 과학자 프래니』의 주인공이다. '프래니'는 세상에서 가장 바쁜 과학자다. 연구할 것이 많지만 '프래니'는 지치지 않는다. 엄마는 '프래니'에게 축구, 요리, 악기 연주 과외도 시킨다. 엄마는 '프래니'가 뭐든 최고가 되길 원한다. '프래니'도 엄마의 생각에 동의한다. 과외 수업에도 적극적이다. 결국 시간이 부족해졌다. '프래니'는 엄마와 과외 수업 줄이기 협상을 시도한다. 실패했다. 좋은 방법을 찾았다. '프래니'는 복제 로봇을 만든다. '프래니'가 실험하는 동안 과외 받을 프래니 로봇이다.

세 개의 복제 로봇이 완성된다. '프래니'와 똑같이 생긴 로봇이다. 하나는 축구 로봇, 또 하나는 요리 로봇, 마지막은 악기 연주 로봇이다. 로봇들이 '프래니'를 대신해 과외를 받는다. 복제 로봇 덕분에 '프래니'는 다시 실험에 집중할 수 있었다. '로봇'들에게도 "최고가 되는 게 가장 중요하다"고 프로그래밍한다. 로봇들도 '프래니'의 명령대로 최고가 되기로 마음먹는다. 복제 로봇들은 축구, 요리, 악기 연주에서 최고의 성적을 받아온다.

아이의 '역량을 강화'하는 훈련을 하라. 어떤 직업이어도 상관없다. 아이가 멈추지 않게 훈련하라. 한 뼘 더 성장시켜라. 전문성을 키워라. '프래니'의 엄마는 자기 방식으로 딸의 '역량을 강화'시켰다. 딸을 다른 분야에서도 최고로 키우고 싶었다. '프래니'도 '역량 강화'를 쉬지 않았다. 더 많은 시간을 확보하려고 복제 로봇까지 만들었다. 복제 로봇들도 '프래니'의 '역량 강화' 결과물이다. 그토록 원하던 연구에 모든 시간을 쓸 수 있게 되었다. 여기서 끝이 아니다. 심지어 로봇들조차 스스로 '역량 강화'를 지속한다. 최고가 되기 위한 훈련을 멈추지 않는다.

한 가지 직업인으로 만족하면 안 된다. 거기서 멈추면 곤란하다. 성장을 지속해야 한다. 아이의 이름으로 돈을 벌 수 있어야 한다. 스스로 브랜드가 되어야 한다. 혹자는 '스스로 자신을 고용하라'고 말하기도 한다. 결국 아이 스스로 자신을 지켜야 한다. 자신을 보호해야 한다. 스스로 책임져야 한다. 어제보다 나은 오늘의 나를 딛고 일어서야 한다. 자신과 경쟁해야 한다. 끊임없는 '역량 강화'만이 자신의 가치를 높일 수 있다. 급변하는 사회에서 이길 수 있다. 부자들은 최고가 되기 위해 '역량 강화'를 멈추지 않는다는 것을 명심하라.

3) 아이를 독립적 직업인으로 키우기 위한 '대체 불가능한 인재(人才)로 준비'를 하라

얼마 전까지 시대가 요구하는 인재(人才)는 'T자형 인재'였다. 광범위한 지식과 깊이 있는 한 분야의 전문성을 갖춘 인재다. 언젠가 'M자형 인재'가 등장했다. 이미 갖춘 전문성을 더 넓혀갈 수 있는 메타인지 역량을 갖춘 인재다. 새로운 인재가 아니라 더 확장된 인재상이다. 이제 한 우물만 파서는 부자가 될 수 없다. 재주가 많을수록 부자가 될 가능성이 커진다. 전문적인 재주가 필요하다. 새로 'E자형 인재'도 언급된다. 'M자형' 인재가 여러 분야의 일을 할 수 있는 실행력을 갖추고 해내면 'E자형 인재'가 된다.

여기서 끝이 아니다. 시대가 요구하는 인재는 계속 변화한다. 미래 사회에 기대하는 인재는 '융합형 인재'다. '스팀(STEAM)형 인재'라고도 부른다. 과학(Science), 기술(Technology), 공학(Engineering), 예술(Art), 수학(Mathematics)을 통합한 인재를 말한다. 여기에 인문학적 소양까지 갖추면 금상첨화(錦上添花)다. 거의 완벽에 가까운 인재상이다. 처음 들었을 때 '현실 가능한 인재상인가?'라는 의문이 들었다. 가능하다. 이미 역사 속에 실존했던 인물이 있다. '모나리자'와 '최후의 만찬'을 그린 '레오나르도 다빈치(Leonardo da Vinci)'다. '다빈치'는 르네상스 시대를 빛낸 화가다. 탁월한 '융합형 인재'다.

'레오나르도 다빈치'는 천재 화가였고 만능 재주꾼이었다. '다빈치'는 발명가였다. 손재주가 뛰어났던 '다빈치'는 기계도 잘 다뤘다. 많은 설계도를 통해 발명품을 남겼다. '다빈치'는 요리사였다. 궁정에서 연회를 담당하고 새로운 요리법도 제안했다. '다빈치'는 멋쟁이 화가였다. 패션과 겉모습에 특히 신경을 많이 썼다. '다빈치'는 '건축학'과 '해부학'도 공부했다. 많은 경험과 재주를 작품에 녹여냈다. 혹자는 "다빈치는 인류 역사에서 가장 뛰어난 천재였다"고 평가한다. 500년 전 이미 세상을 떠난 '다빈치'는 다가올 미래 사회 '융합형' 인재다.

아이를 '대체 불가능한 인재'로 키워라. '다빈치'처럼 인류 역사에 전무후무(前無後無)한 존재로 훈련하라. '다빈치'처럼 어떤 것도 '막힘이 없는 인재'로 준비시켜라. 내 아이가 말솜씨에 글솜씨, 노래와 악기연주까지 더해진 '인재'라면? 상상만으로도 행복하지 않은가? 내 아이의 빈자리를 누구도 대신하지 못할 것이다. 아이를 능력 있는 직업인으로 교육하라. '대체 불가능한 인재'가 되게 하라. 직장에 만족을 주는 사람이 아니라 세상이 필요로 하는 사람으로 훈련하라. 부자들처럼 내 아이를 '미래 사회 인재'로 준비시켜라.

'드로우앤드류'씨는 자신의 가치를 한 장의 이력서에 가두지 않기로 했다. SNS 마케팅과 퍼스널 브랜딩을 세상에 전수한다. 밀레니얼 후배들의 멘토로 왕성하게 활동 중이다. 아이를 직장인이 아닌 독립적 직업인으로 준비시켜라. 아이와 함께 다양한 직업을 탐색하라. '진로 교육'을 시작하라. 아이를 독립적 '직업인'으로 키우기 위해 '역량 강화'하라. 멈추거나 만족하면 곤란하다. 가치를 높일 수 있도록 '역량 강화'에 집중하라. 아이를 독립적 직업인으로 키우기 위한 '대체 불가능한 인재'로 준비시켜라. 내 아이도 21세기 '레오나르도 다빈치'가 될 수 있다. '미래 사회를 이

끌어갈 부자 인재'로 훈련하라.

내 아이 직업인으로 키우기 Tip

1) 아이와 '10개의 직업을 찾고 직업별 10년 로드맵'을 만들어보자.(5Lv)

2) 아이가 '내가 CEO라면? 채용기준표와 승진기준표'를 만들어보자.(4Lv)

3) 아이와 '레오나르도 다빈치' 책을 읽고 '대체 불가능한 00 프로젝트'를 시작해보자.(3Lv)

2

돈이 되는 배움을 지속하게 하라

: 밑줄 그은 중고책이 더 비싸다고?

일본의 '이노우에 히로유키' 씨는 연간 4억 엔 이상의 매출을 올리는 치과 병원 의사다. 자기 계발 분야의 저자이고 강사다. 병원 개원 이전 '이노우에' 씨는 치과 치료 기술을 열심히 공부했다. 병원을 개원하고 경영에 관한 세미나와 경영학 박사 학위에 도전한다. 그 후에도 치과 치료의 최신 기술과 경영학 공부에 집중한다. 어느 날 서점에서 발견한 책 한 권이 '이오누에' 씨의 인생을 완전히 바꿨다. '이노우에' 씨는 돈이 되는 배움을 강조한다. 배움은 금전으로 환원시켜야 한다. 성과를 내고 수입을 올리는 배움을 멈추지 않아야 한다.

1) '나에게 먼저 투자하라' 지식과 재능을 돈으로 바꿀 수 있다

10억이 생기면 무엇을 하고 싶은가? 질문에 답해보자. 준비된 부자인지 알 수 있다. 만약 사고 싶었던 소비 목록이 떠올랐다면 더 공부하자. 아직 부자가 될 준비가 필요하다. 10억의 투자 대상이나 투자 상품이 떠올랐다면 이미 준비된 부자다. 아이에게 질문해 보라. "10만 원이 생기면 뭘 하고 싶니?" 아이도 나와 비슷한 반응을 보일 것이다. 의식을 바꾸자. 소비 대신 투자에 집중하자. 소비 목록 대신 제조 회사에 투자하자. 아직 비어 있는 장바구니에 채울 투자 상품을 골라보자. 새로운 파이프라인을 만들어보자.

부자는 투자를 멈추지 않는다. 부자들은 '나에게 먼저 투자'한다. 부자들은 배움도 멈추지 않는다. 자수성가하여 부자가 된 사람들의 이야기를 들어보았는가? 자수성가한 부자들에게 공통점이 있다. 과감하게 '자신에게 투자'한다. 책을 100권 이상 읽고 배운다. 성공한 사람들의 이야기를 들으러 세미나에 참석한다. 가성비가 좋은 배움을 적극적으로 활용한다. 기회를 볼 수 있는 눈을 키운다. 실전 투자의 기회를 기다리고 놓치지 않는다. 과감하게 투자한다. 수입이 올라가는 경험을 한다. 부자처럼 '나에게 먼저 투자'하자.

'아이에게 먼저 투자'하라. 재능을 발견하는 일에 시간을 투자하라. 지식을 키우는 일에 열정을 투자하자. 아이의 관심과 흥미에 돈을 투자하라. 미래를 준비하는 일에 에너지를 투자하자. 특별히 스피치와 커뮤니케이션 기술을 익히는 일에 투자하라. 생각을 분명하게 표현하는 스피치가 매우 중요하다. 필요하다면 발음, 목소리 크기, 속도, 성대 사용법도 훈련하라. 커뮤니케이션도 마찬가지다. 가족과 배우자와 커뮤니케이션이 중요하다. 사업 파트너와 투자자와 커뮤니케이션은 부(富)와 직결된다. 탁월한 커뮤니케이션 기술은 평생 자산이다.

『오케팅』의 저자 '오두환' 작가는 마케팅 강사이자 컨설팅 전문가다. 과거 '오 작가'도 많은 세미나와 강의를 들었다. 심지어 1,000만 원짜리 세미나를 들은 적도 있다. "비싼 강의나 세미나일수록 비싼 값을 한다"고 말한다. 돈을 많이 투자해서 듣는 만큼 아웃풋(out-put)이 좋다. 뭐라도 남기기 위해 더 몰입한다. '오 작가'는 "5% 부자가 되려면 95%의 사람들과 다른 길을 가라"고 조언한다. 내 아이를 부자로 만들고 싶은가? 95%와 다른 길을 가게 하라. 5% 부자들처럼 '아이에게 먼저 투자'하라. 지식과 재능을 돈으로 바꿀 수 있는 부자로 훈련하라.

2) '나만의 콘텐츠를 발견하라' 지식과 재능을 돈으로 바꿀 수 있다

많은 구독자가 찾는 유튜브 채널을 보면 특별한 이유가 있다. 성격이 명확한 콘텐츠가 있다. 구독자가 궁금해하는 것이 무엇인지 정확히 알

고 있다. 코로나로 집안에 머무르는 시간이 길어지면서 아이들도 특별한 콘텐츠를 즐겨본다. 스마트폰 게임과 먹방의 인기가 갈수록 높아진다. 직접 체험하는 것도 아닌데 어떤 매력이 있는지 궁금했다. 아이들은 "유튜브 채널을 보면서 대리만족을 느낄 수 있어서 좋다"고 한다. 심지어 ASMR(Autonomous Sensory Meridian Response, 자율 감각 쾌락 반응) 영상의 인기는 기대 이상이다.

요즘 시대는 콘텐츠가 힘이다. 예전에는 없었던 직업들이 생겨난다. 생각지도 못한 일을 하며 유명해지거나 부자가 되는 사람들도 많다. 유튜브 채널은 구독자가 수익을 창출한다. 유튜브 '클린어벤져스' 채널은 쓰레기 집을 정리해주는 전문 청소대행업체다. '헌터팡' 채널은 생태계를 파괴하는 외래 생물을 잡는다. 요리하는 것도 보여준다. '허팝' 채널은 상상에 그친 엽기적인 과학 실험을 대신해주는 채널이다. 1주일 동안 한 가지 음식으로 다이어트를 하는 컨텐츠도 인기다. 전교 1등을 하는 초등학생이 공부하는 영상을 실시간으로 방송하는 채널도 있다.

'내 아이만의 콘텐츠'가 돈이 되는 시대다. 파워 블로거, 슈퍼 인플루언서나 연예인이 아니어도 가능하다. 재능을 돈으로 바꿀 수 있는 '핵심 콘텐츠'를 찾아보라. 강아지를 산책시키는 콘텐츠도 좋다. 저렴한 브랜드 신제품 출시 소식도 인기다. 나만의 다이어리를 꾸미는 콘텐츠도 괜찮다. 콘텐츠가 경쟁력이다. 읽으며 밑줄을 긋거나 메모를 한 책이 더 비싼 가격으로 팔리기도 한다. 영화보다 영화 리뷰 콘텐츠가 더 인기를 끈다. '내 아이만의 콘텐츠'를 찾아보자. 아이의 재능을 키우고 수익도 창출할 수 있는 콘텐츠를 찾아보자.

〈영재발굴단〉에 출연했던 '전이수' 군은 동화 작가다. 7살에 처음으로 동화책을 출간했다. 책에는 생명과 환경을 사랑하는 따뜻한 마음이 담겨 있다. 세상에 하고 싶은 말을 그림과 글로 표현한다. 관찰력과 표현력도 남다르다. '전 작가'의 콘텐츠는 동화책에서 끝나지 않았다. 제주도에 '전이수 갤러리'를 오픈했다. '전 작가'의 작품이 담긴 굿즈(goods) 상품, 책, 팬시용품이 전시되고 판매된다. 입장료 수익은 다양한 단체에 기부한다. 일찍 발견한 '전 작가'만의 콘텐츠는 이미 인기를 넘어서 선한 영향력을 끼치고 있다. 내 아이의 파이프라인도 구축해보자.

3) '창의성을 키워라' 지식과 재능을 돈으로 바꿀 수 있다

'백남준' 씨는 비디오 아트의 창시자다. 부유한 사업가 집안에서 태어났다. 아버지는 아들이 경제학을 전공해 사업을 이어가길 기대했다. 아버지를 속이고 '백남준' 씨는 미학과(美學科)에 진학한다. 음악과 미술, 문학을 복합적으로 공부하는 미학이 매력적이었다. '전위(前衛) 음악'이라는 새로운 장르의 음악에 마음을 빼앗겨 새로운 예술의 장(場)을 개척

했다. TV를 재조립하고 기능을 바꿔 전시한다. 음악과 전자 기기가 어우러진 새로운 장르의 예술 영역을 개척한다. '백남준' 씨의 창의적인 도전은 설치 예술과 참여 예술도 탄생시켰다.

사람들은 익숙한 것을 좋아한다. 편한 것에 안정감을 느낀다. 새로운 것을 낯설다고 느낀다. 변화를 불편해한다. 다른 생각을 하면 이상하게 여긴다. 남들과 다른 행동을 하면 '튀지 말라'며 나무란다. 엉뚱한 생각은 무시당한다. 무모한 도전은 시간 낭비라고 판단한다. 시대가 바뀌었다. 남들과 똑같으면 성공할 수 없다. 군중(群衆)과 달라져야 한다. 낯선 것이 관심을 끈다. 다른 것이 주목받는다. 변화해야 부자가 될 기회를 잡을 수 있다. 모두가 '예스'라고 말할 때 '노'라고 말하는 사람에게 부(富)의 기회가 온다.

'아이의 창의성'을 키워라. 적극적으로 '창의성'을 훈련하라. 학교 공부로 '창의성'은 자라지 않는다. 고민하지 않으면 '창의성'을 훈련할 수 없다. 친구들과 다른 생각을 하는 것을 격려하라. 무리와 다른 방향을 선택해도 지지하라. 조금 느려도 괜찮다. 불편한 상황이 '창의적인 생각'을 자극한다. 문제의 환경이 '창의력'을 자라게 한다. 아이의 숨은 재능과 지식은 '창의성'을 통해 표현된다. 세상이 빠르게 변하고 있다. 다양한 기회가 아이를 기다린다. '창의적'으로 생각해야 기회가 보인다. '창의적'인 행동이 변화를 이끌어낸다.

'허니버터칩'의 열풍을 기억하는가? 포카칩에 꿀과 버터향이 추가돼 출시됐다. '감자칩은 짜다'는 통념(通念)을 깬 과자다. 2014년 10월 기준 3대 인기 편의점 판매량 1위를 차지했다고 한다. 기존 제품에 '창의성'이 더해진 결과다. 품귀현상을 일으켰던 포켓몬 빵도 마찬가지다. 요즘은 편의점 꿀조합 레시피의 인기도 상당하다. 아이의 '창의성'을 훈련하자. '창의성'이 지식으로 수입을 올릴 것이다. '창의성'이 재능을 금전으로 바꿀 것이다. 부(富)를 위해 '창의성'으로 아이의 수입을 극대화하자. 다양한 파이프라인으로 효율적인 수익을 얻을 것이다.

치과 병원도 치료 기술만으로 살아남을 수 없다. '이노우에' 씨는 배움을 멈추지 않는다. 지식을 금전으로 바꿔주는 배움에 열심이다. 성과를 올리는 배움을 강조한다. 내 아이의 부(富)를 위한 파이프라인을 만들고 싶은가? 아이에게 지식과 재능을 돈으로 바꿀 수 있는 방법을 가르쳐라. '자신에게 투자하라.' 스피치와 커뮤니케이션 기술을 훈련하라. 5%의 부자들을 따라 자신에게 투자하라. '나만의 콘텐츠'를 발견하라. 콘텐츠가 돈이 되는 시대다. 콘텐츠가 경쟁력이다. 내 아이만의 콘텐츠로 수익을 창출하라. '창의력을 키워라.' '백남준' 씨는 '창의성'을 키우며 도전해 새로운 예술 세계의 지평을 열었다. 지식과 재능으로 수익을 극대화하는 훈련을 지속하라. 내 아이도 견고한 파이프라인으로 부(富)를 이룰 수 있다.

지식과 재능을 돈으로 바꾸기 Tip

1) 아이와 '한 달 동안 1일 3개 넌센스 게임'에 도전해보자.(3Lv)
2) 아이와 '한 달 동안 1일 1개 경제 기사 요약 콘텐츠 만들기'에 도전해보자.(4Lv)
3) 아이와 '코끼리를 냉장고에 넣는 방법 3가지'를 생각해보자.(2Lv)

3

틈새시장 공략을 훈련하라

: 10만 원이 넘는 햄스터를 없어서 못 판다!

유튜브 '30대 자영업자 이야기'에 소개된 이야기다. 영상 속 젊은 여성 자영업자는 햄스터를 매장에서 분양한다. 햄스터를 좋아해 퇴사하고 창업을 했다. 햄스터는 예쁠수록 비싸 10만 원 이상의 고가(高價)에도 찾는 고객이 많다. 고객이 원하는 예쁜 햄스터는 오히려 없어서 분양을 못할 정도다. 예약이 없을 때는 온라인 쇼핑몰에 집중한다. 300만 원으로 창업해 2억 원을 모으고 월매출은 7,000만 원 이상 나온다. 나중에 달팽이, 소라게, 장수풍뎅이로 사업을 확장할 계획이다. 여성 자영업자는 "쇼핑몰을 창업할 때 남들이 하지 않는 틈새시장을 공략하라"고 조언한다.

1) '독점이 가능한 틈새시장'을 공략하라

요즘 젊은 청년들은 창업을 생각하는 사람이 적지 않다. 정년(停年)을 채우지 않고 퇴사해 창업하는 경우가 있다. 주위에서 '스타트업(Start-up) 기업'에 도전한 사람들을 쉽게 만날 수 있다. 아이디어와 창의력만으로 시작하기엔 자금력이 부족한 약점이 있다. 기대되는 스타트업 기업은 투자자들의 투자와 펀딩을 통해 자금을 확보한다. 마켓 컬리, 배달의 민족, 쿠팡 같은 기업들이 대표적인 스타트업 기업들이다. 코로나로 길어진 언택트 시대에 급성장한 기업들이다. 구글과 페이스북도 외국 스타트업 기업들이다.

온라인 결재 시스템 '페이팔(paypal)'의 공동 창업자 '피터 틸(Peter Thiel)'은 강사이자 작가다. 자신의 강의를 엮어 출간한 책 『제로 투 원』에서 중요한 것을 알려준다. 많은 수의 성공한 기업에서 특별한 점을 발견했다. 성공한 기업은 다른 기업과 경쟁하지 않는다는 점이다. 오히려 시장을 독점하고 있었다. '피터 틸'은 "창업을 하려거든 독점하라"고 말한다. 내가 혹은 내 아이가 창업하려는 아이템의 시장 현황을 분석하자. 경쟁업체가 많은가? 아니면 독점이 가능한가? '독점이 가능한 사업'이라야 성공한다. 소수는 독점하고 다수는 경쟁한다.

아이디어로 사업을 시작하면 성공할 것 같지 않은가? 현실은 그렇지 않다. 스타트업 기업의 성공 확률은 10% 미만이다. 심지어 '벤처 기업의 1%만 살아남는다'고 한다. '피터 틸'은 책에서 경쟁 없이 시장을 독점하는 방법을 제시한다. "뛰어난 기술력을 확보해 진입 장벽을 높이라." 진입 장벽이 높으면 아무나 뛰어들 수 없다. 독점하기 쉽다. "작게 시작해서 독점하라." 작게 시작하면 실패가 문제 되지 않는다. 빠져나오기 쉽다. 틈새시장을 점령한 후 사업을 확장하라. 고객의 목소리와 피드백이 독점을 가속화 할 것이다.

온라인 쇼핑몰에서 무엇을 가장 많이 사는가? 음식과 의류 아닌가? 다수의 창업자가 선호하는 아이템이 음식과 의류라는 것을 보여준다. 음식과 의류는 창업 경쟁자가 많다는 뜻이다. 아이와 함께 틈새시장을 찾아보자. 빅사이즈 어린이 의류 쇼핑몰은 흔하지 않다. 수포자도 풀 수 있는 수학 문제집 추천 서비스도 유용하다. 외국인에게 한글 동화책을 읽어주는 서비스도 멋지다. 무인 펫(pet) 신발 가게 창업은 어떤가? 어린이 중고 학용품 판매 매장도 기대된다. '독점이 가능한 틈새를 공략'하라. 새로운 파이프라인을 찾을 것이다.

2) '시대의 흐름을 읽으며 틈새시장'을 공략하라

〈서민 갑부〉에 출연한 '조상현' 씨는 헤어 디자이너다. 다양한 형태의 맞춤형 가발로 창업에 성공했다. 헤어 커트(cut)와 관리, 가발 제작을 합하면 연 매출이 약 6~7억이다. 고객의 필요에 따라 각양각색의 가발을 선보인다. '조상현' 씨는 20대의 젊은 나이에 탈모 증세로 스트레스가 심했다. 우울증과 대인기피증을 앓기도 했다. 탈모의 아픔을 딛고 틈새시장을 공략했다. '조상현' 씨의 가발은 탈모를 덮는 데 그치지 않는다. 고객들의 취향을 살리고 잃어버린 자신감을 되찾아준 공감의 도구다. '시대의 변화를 인식'하라. 틈새시장을 공략하라.

최근 2~3년 사이에 무엇이 가장 눈에 띄는가? 주변에 어떤 변화를 느끼는가? 변화는 부(富)의 기회다. 남들이 볼 수 없는 것을 보라. 누군가 무심코 내뱉은 말을 떠올리라. 틈새를 찾아 공략하라. 산책하다 보면 유모차를 자주 본다. 강아지 유모차다. 1인 가구가 증가했다. 반려동물을 키우는 인구가 전체의 3분의 1에 달한다(2021년 말 기준). 반려동물 시장의 규모는 가파르게 성장 중이다. 2027년에는 시장 규모가 6조를 넘어설 것으로 예상된다. 사람들은 반려동물을 위해 과감하게 지갑을 연다. 파이프라인을 만들 틈새를 찾자.

다양한 형태의 재테크 열풍이 식지 않고 있다. 시대의 흐름에 따라 재테크도 유행을 탄다. 기존에 잘 하지 않던 새로운 형태의 투자도 인기다. 목돈이 없어도 여러 사람이 모여 '조각 투자'의 형태로 투자할 수 있다. 젊은 청년들이 고가(高價)의 미술작품을 '조각 투자'한다는 뉴스가 보도

됐다. 미술작품 투자의 관심은 '이건희 컬렉션 신드롬'을 일으킬 정도로 높아지고 있다. 방송인 '이광기' 씨는 일본 예술가 '쿠사마 야요이'의 작품으로 아트테크에 입문했다. 15년간 소장하던 그림의 값이 80배나 올랐다고 한다.

부자들이 미술품에 투자하는 이유를 아는가? 아트테크는 세금 문제로 부자들의 인기를 끈다. 소장한 미술품의 가치 상승과 절세의 효과도 있다. 버는 것에 급급해 모으기만 해서는 부자가 될 수 없는 이유다. 한류 열풍으로 K-Pop, K-Food의 인기가 급부상한 것처럼 K-Art의 전망도 밝다. 한국 미술의 위상이 높아지고 있다. 미술 시장의 성장 가능성이 무궁무진하다. 코로나 시기에 미술 시장의 규모가 2~3배 커졌다. 일반인의 그림 투자도 폭증하고 있다. '시대의 흐름'을 잘 읽자. 틈새가 보일 것이다. 틈새시장 공략으로 수익의 새 파이프라인을 만들자.

3) '남들이 가지 않는 틈새시장'을 공략하라

'병아리 감별사'를 아는가? 부화한 병아리의 성별을 구별하는 직업이다. 숙련된 기술이 필요하다. 몇 년 전까지 전 세계 '병아리 감별사'의 80%가 한국인이었다. 다른 나라 사람들은 도전하지 않는다. 병아리를 감별하기 위해 집중력과 분별력, 정확도가 중요하다. 병아리를 감별하는 기계도 생겼지만 정교한 작업은 사람의 손과 비교할 수 없다. '병아리 감별사'는 국내보다 외국에서 인기다. 병아리 부화장이 많은 유럽 지역에서 외국 생활을 하는 경우가 많다. 탄력적인 근무가 가능하다. 월수입을 700만 원 넘게 받기도 한다.

'앙드레 김(Andre Kim)'은 한국 최초의 남성 패션 디자이너다. 패션 디자인은 여성의 영역이라는 틀을 깼다. '앙드레 김'의 이름을 들으면 흰색부터 떠오른다. 평생 흰옷만 입었고, 그의 작품 또한 온통 흰색이다. 의외로 일상복을 화려하고 우아하게 디자인한 것도 많다. 국산 원단만 고집하고 한국적인 미(美)를 중요하게 여겼다. '앙드레 김'의 옷은 해외 유명 배우들에게 인기가 많았다. 가수 '마이클 잭슨(Michael Jackson)'도 생전에 '앙드레 김'의 옷을 즐겨 입었다. 틈새시장을 공략한 '앙드레 김'이라는 브랜드의 가치는 지금도 단단하다.

기계화와 자동화로 매일 엄청난 수의 물건들이 쏟아져 나온다. 필요한 물건은 기계만 돌리면 공장에서 원하는 만큼 찍어낼 수 있다. 많은 양을 생산할수록 가격이 싸다. 명품(名品)은 기계로 찍어내지 않는다. '희소가치' 때문에 인기 있다. 인기 덕분에 비싸다. 부자는 다른 사람이 하지 않는 생각을 한다. 다른 사람이 가지 않은 길을 간다. '남들이 하지 않는 일'을 한다. 내 아이의 부자 파이프라인을 만들고 싶은가? 틈새를 공략하라. '남들이 보지 못하는 틈새시장'을 보는 눈을 키워라.

기계는 '병아리 감별사'의 정교한 기술을 흉내 내지 못한다. 현장에서 '병아리 감별사'가 꼭 필요하다. 근무 시간을 탄력적으로 쓰면서 높은 급여를 받을 수 있다. '앙드레 김'은 남성들이 하지 않는 패션 디자이너에 도전했다. 화려한 색채 대신 흰색에 집중했다. 평생 모은 자산이 300억 원이었다. 명품은 기계로 찍어내지 않는다. 가치 때문에 비싸다. 다른 사람과 다른 길을 선택하라. 아무도 가지 않는 틈새시장을 공략하자. 내 아이의 가치를 극대화할 수 있는 파이프라인을 구축하라.

반려동물의 인기가 식지 않는다. 대형 동물 대신 햄스터와 같은 소형 동물도 인기다. 남들과 다른 틈새시장에 도전하라. '독점이 가능한 틈새시장'을 공략하라. 성공한 기업은 경쟁 대신 독점한다. 나만의 특별한 기술이 독점 가능하다면 도전하라. '시대의 흐름을 읽으며 틈새시장'을 공략하라. 투자도 시대에 따라 변한다. 한국 미술 시장 규모가 커지고 있다. 아트테크로 안정적 파이프라인을 만들자. '남들이 가지 않는 틈새시장'을 공략하라. '앙드레 김'은 남들과 다른 것을 선택했다. 많은 인기와 자산을 이뤘다. 아이 스스로 성공이 가능한 틈새를 볼 수 있도록 훈련하라. 틈새시장이 부(富)의 창출 기회다. 틈새 공략으로 수익의 파이프라인을 견고히 하라.

틈새시장 찾기 Tip

1) 아이와 '무인 펫(pet) 신발 가게 창업 비용'을 계산해보자.(3Lv)

2) 아이와 '30만 원으로 시작할 수 있는 아트테크 상품'을 찾아보자.(4Lv)

3) 아이와 '이색 직업 3가지를 찾고 연봉을 조사'를 함께 해보자.(4Lv)

4

기업가 정신을 길러줘라

: 3살에 자원봉사를 하던 초등학생이 CEO?

'라이언 힉맨(Ryan Hickman)'은 초등학생 CEO다. 아버지는 '라이언'이 대표인 플라스틱 재활용 회사를 세웠다. 3살부터 시작한 플라스틱 수거 자원봉사를 사업으로 확장시켰다. 수거한 플라스틱으로 4,000만 원 넘게 모았다. '라이언'은 "환경 보호가 더 중요하지만 돈을 모으는 것도 재미있다"고 말한다. 'CNN'에서 '젊은 인재상'도 받았다. 몇몇 행사에 초대받고, 사진 인화 회사로부터 1만 달러 후원도 받았다. 티셔츠 판매 수익금과 후원금을 '해양생물 보호단체'에 기부했다. 전 세계를 향해 '라이언의 재활용 챌린지'를 다양하게 시도하고 있다.

1) 기업가 정신의 시작은 '카페 바리스타'에서 '카페 사장'이 되는 것이다

생활에 필요한 돈을 만드는 여러 방법이 있다. 직장에 들어가 급여를 받는 것이다. 가장 안정적이다. 카페 '바리스타'를 예로 들 수 있다. 직장에서 받은 급여만으로 부자가 될 수 없다. 커피를 많이 팔아도 급여가 늘지 않는다. 수입원을 늘려야 한다. 더 많은 수입을 얻는 방법으로 바꾸면 된다. 몇 곳의 카페에서 아르바이트를 더 하거나 직접 커피 장사를 방법이 있다. '직장인'에서 '고용주'로 이동하는 것이다. 많이 팔면 늘어나는 수익에 비례해 급여도 많아진다. '바리스타'에서 '카페 사장'이 되는 것이 기업가의 시작이다.

기업가는 돈을 벌 기회를 놓치지 않는다. 아이디어로 새로운 영역을 개척한다. 기업가는 변화를 따르지 않는다. 오히려 변화를 거스르거나 주도하는 사람이다. 누구나 처음부터 기업가가 될 수 없다. 기업가가 되기로 목표를 정하라. 점차 노력하면 기업가가 될 수 있다. 아이를 지지하라. 아이가 원하는 것이 무엇인지 귀를 기울이라. 아이의 목표가 기업가가 되게 하라. 아이에게 기업가 정신을 심어주라. 기업가 정신의 시작은 '바리스타'가 '카페 사장'이 되는 것이다. 위험을 감수하며 도전하는 것이다.

목표를 정했으면 시작하게 하라. 아이가 목표를 이룰 때까지 적극적으로 지지하라. 긍정적인 마음으로 격려하라. 시작하지 않으면 아무 일도 일어나지 않는다. '카페 사장'은 이익을 창출하는 사람이다. 고용한 직원들의 급여를 제공한다. 재료비도 지출한다. 공과금을 내고 건물주에게 내야 하는 고정 지출도 있다. 사장 자신의 급여도 챙겨야 한다. 팔지 못하면 감당할 수 없다. 판매가 수익을 가져온다. 수익이 급여와 비례한다. 주변 '카페'들과 경쟁도 만만치 않다. 소비자를 분석하고 연구한다. '바리스타'와 '카페 사장'의 차이가 느껴지는가?

부자들은 사업으로 자유를 선택한다. 방송인 '장영란' 씨의 남편은 한의사다. 아파트를 담보로 대출받아 남편의 병원을 개원했다. '잘못되면 어쩌나' 걱정도 되고 후회도 했다. 최근 '장 씨'의 친정어머니가 아파서 병원에 입원했다. 지금은 "엄마를 편하게 모실 수 있다는 게 얼마나 행복하고 감사한지"라고 말한다. '장 씨'의 남편은 '직장인 의사'에서 '병원장'이 되었다. 자유를 선택했다. 위험을 감수하고 도전했다. 보다 큰 가치를 창출하고 있다. 기업가 정신은 '직장인 의사'에서 '병원장'이 되는 것이다. 기업가 정신이 더 큰 부(富)를 향해 도전하게 한다.

2) 기업가 정신의 발전은 '카페 사장'에서 '카페 프랜차이즈 사업가'가 되는 것이다

기업가 정신은 여기서 그치지 않는다. '카페 사장'이 '카페 프랜차이즈 사업가'가 되는 것이다. 커피의 맛과 서비스로 고객이 많다고 만족해서는 안 된다. 더 많은 지역의 고객에게 서비스를 제공해야 한다. 어떻게 가능한가? '카페 프랜차이즈 사업가'에 도전하는 것이다. '프랜차이즈 사업가'의 역할은 '카페 사장'과 많이 다르다. 큰 수익을 기대하는 만큼 책임도 훨씬 커진다. 비즈니스 모델을 세워야 한다. '프랜차이즈 사업가'에게 필요한 역량을 키워야 한다. 현장이든 강의든 가리지 않고 배워야 한다. 사업이 나갈 방향을 분명하게 결정해야 한다.

여기부터 시스템이 경쟁력이다. 인구 이동이 많고 접근성이 좋은 위치를 선점해야 한다. 고객이 좋아하는 인테리어에 투자해야 한다. '프랜차이즈 가입 파트너' 교육도 필요하다. 리더십, 마케팅, 매장 관리, 경영, 회계, 컨설팅 등 많은 것들이 추가된다. 역할에 따라 직무의 종류와 범위도 바뀐다. 차이가 느껴지는가? '바리스타'는 주문받은 음료만 만들었다. '카페 사장'은 자신의 매장에 오는 충성 고객을 늘리는 것에 집중했다. '프랜차이즈 사업가'는 파트너와 고객을 함께 확보해야 한다.

시장 경쟁에서 차별화시킬 '프랜차이즈'의 브랜딩도 필요하다. 카페를 예로 들면, 디저트의 차별화는 어떨까? 다양한 디저트를 제공해 선택의 폭을 넓히는 것도 하나의 방법이다. 저렴한 가격으로 좋은 원두를 사용하는 것도 경쟁력 있다. 어르신들을 겨냥한 한방(韓方) 음료를 준비하는 것도 좋다. 반려동물용 맞춤 음료를 개발하는 것도 기대된다. 가만히 앉아서 돈을 벌 수 없다. 끊임없는 연구와 노력만이 부자들의 부(富)를 보장한다. 아이를 차별화된 '프랜차이즈 사업가'에 도전시켜라. 기업가 마인드를 키워야 부(富)가 찾아온다.

2,000만 원으로 창업해 7년 만에 50억 매출을 내는 젊은 창업주가 있다. 30개의 '프랜차이즈 매장'을 운영하는 '소소 떡볶이' '이희천' 대표의 이야기다. '이 대표'는 예비 창업자들을 모집해 직접 재정적인 지원을 하기도 한다. '프랜차이즈 지점'들의 매출과 리뷰도 꼼꼼히 살핀다. 지점을 방문해 현장 일도 돕고 파트너들의 고충에 귀 기울인다. 진심 어린 격려와 컨설팅으로 파트너십을 돈독히 한다. 합리적 가격과 많은 양을 브랜드의 경쟁력으로 선택했다. '이 대표'는 꿈을 꾼다. 각각의 지점들과 함께 성장해 더 위대한 회사로 성장시키는 것이다.

3) 기업가 정신의 완성은 '카페 프랜차이즈 사업가'에서 '그룹 회장'이 되는 것이다

순위 10위 내에 드는 부자들은 모두 기업가다. 다시 말해 대기업의 대표(회장)이다. 기업가들이 큰 부(富)를 누린다. 내 아이도 할 수 있다. 기업가 정신을 키우면 된다. 기업가 정신의 완성은 '프랜차이즈 사업가'에서 '그룹 회장'이 되는 것이다. 이제 '카페 프랜차이즈 사업가'에서 '그룹 회장'이 될 차례다. '카페 프랜차이즈'를 통해 배운 내공과 기술을 다른 업종으로 확장시킬 수 있다. '디저트 프랜차이즈'나 '패밀리 레스토랑 프랜차이즈'도 가능하다. 투자를 받아 다양한 업종들을 확대할 수 있다. 비슷한 사업을 묶어 더 큰 기업도 만들 수 있다.

아이에게 가르칠 기업가 정신도 여기서 끝이 아니다. 사업이 확장되면서 더 많은 역량이 필요하다. 우선 기업이 실현하고자 하는 사회적 가치를 분명히 해야 한다. 거대한 조직의 리더로서 협상과 기업 인수, 합병을 할 수도 있다. 자기 주도성, 정보력, 협상력, 인재 채용과 직무 배치 능력도 필요하다. 한 사람이 모두 할 수 없다. 중간 리더들과 소통하는 능력도 중요하다. 자기보다 더 훌륭한 인재에게 투자하자. 기업의 성장에 필요하다. 부(富)를 이룬 기업은 성과를 재분배한다. 아이를 부자가 되게 할 기업가 정신을 가르쳐라.

'백종원' 대표는 요리하는 CEO다. 요식업계 대부(代父)다. '백 대표'의 레시피는 쉽고 간단하다. 요리를 못하는 주부의 손에서 요리사 음식이 만들어진다. '백 대표'가 대표이사로 있는 '더본코리아'는 19가지가 넘는 다양한 음식 프랜차이즈 브랜드가 있다. 12개국이 넘는 나라에 확장한 글로벌 브랜드다. '백 대표'는 학교법인 이사장이기도 하다. 방송이나 유튜브에서 구수한 입담으로 친근한 이미지를 보여준다. 어려운 자영업자들을 방문해 직접 맛을 보고 노하우 전수로 가게를 일으키기도 한다.

'백 대표'도 IMF 때 사업 때문에 큰 빚을 지기도 했다. 어려운 상황에도 포기하지 않았다. 채권자들에게 빚을 갚겠다고 약속했다. 시작한 사업에 성실히 임했다. 시간이 지나 순차적으로 사업을 확장했다. 대박의 신화를 만들었다. 빚을 모두 정리하고 성공한 CEO가 됐다. 내 아이를 부자로 만들고 싶은가? 아이에게 새로운 파이프라인을 만들어주라. 아이에게 기업가 정신을 알려줘야 한다. 자기 사업으로 부자가 될 수 있다. 부(富)의 파이프라인을 다지자. 아이에게 더 큰 포부를 갖게 하자. 글로벌 그룹 회장의 꿈도 이룰 수 있다.

'라이언 힉맨'은 어린이 사업가다. 플라스틱 재활용 회사 대표다. 시간을 내서 가족들과 해변에서 플라스틱 쓰레기를 수거한다. 환경을 아끼는 '라이언'의 영향력이 세계로 뻗어나간다. 내 아이도 기업가로 키우고 싶은가? 지금 바로 시작해보자. 기업가 정신의 시작은 '카페 바리스타'에서 '카페 사장'이 되는 것이다. 더 많은 것을 익히고 역량을 키워야 한다. 책임의 무게가 더 커진다. 기업가 정신의 성장은 '카페 사장'에서 '카페 프랜차이즈 사업가'가 되는 것이다. '소소 떡볶이'의 젊은 창업자 '이 대표'는 직접 매장을 돌며 파트너들과 함께 성장하고 있다. 기업가 정신의 완성은 '카페 프랜차이즈 사업가'에서 '그룹 회장'이 되는 것이다. 구수한 입담으로 전 국민을 요리사로 만든 '백 대표'를 기억하자. 내 아이도 위대한 기업가가 될 수 있다.

내 아이 기업가 정신 키우기 Tip

1) 아이가 '우리 집 스마트폰 코치'에서 '스마트폰 코치 학원장'이 되려면 어떻게 해야 할까?(3Lv)
2) 아이가 '스마트폰 코치 학원장'에서 '스마트폰 코치 프랜차이즈 학원 사업가'가 되려면 어떻게 해야 할까?(4Lv)
3) 아이가 '스마트폰 코치 프랜차이즈 학원 사업가'에서 '메타버스 기업가'가 되려면 어떻게 해야 할까?(5Lv)

※ 메타버스(Metaverse) : '현실세계'를 의미하는 'Universe(유니버스)'와 '가공, 추상'을 의미하는 'Meta(메타)'의 합성어로 3차원 가상세계를 뜻한다. –Ref. 네이버 지식백과

5

미래의 수입원을 가르쳐라

: '방시혁' 의장의 미래 부(富)의 수입원!

『킵 고잉』의 저자 '주언규' 작가는 재테크 채널 '신사임당'의 전(前) 유튜브 창작자(크리에이터)다. '주 작가'는 경제방송 PD 출신의 100억 자산가다. '주 작가'는 스튜디오 렌탈 사업으로 돈 버는 일에 자신감이 생겼다. '신사임당' 채널을 시작했다. '돈 버는 법'을 영상 콘텐츠로 만들었다. 인기 있는 채널을 분석하고 다양하게 적용했다. '신사임당' 채널을 키우는 데 성공했다. '주 작가'는 유튜브는 '돈과 영향력으로 사람의 인생을 획기적으로 바꿔주는 유일한 도구'라고 말한다. 큰 자산으로 미래 수입원을 충분히 갖춘 '주 작가'는 신(新)사업을 준비 중이다.

1) '지금 받는 급여'가 미래의 수입원이다

투자 전문가들이 말하는 재테크 방법은 4단계로 나눌 수 있다. 첫째, 돈을 번다. 급여를 받든, 농사를 짓든, 장사를 하든 어떤 일이든 괜찮다. 일단 돈을 벌어야 한다. 둘째, 돈을 모은다. 돼지 저금통에 동전을 모아라. 꽉 차면 은행 계좌에 가져다 넣으라. 급여 중 고정 지출과 비상금을 제외하고 모두 저축하라. 많은 사람들이 가장 선호하는 방법은 '정기 예금'이나 '적금'이다. 셋째, 돈이 새는 것을 막아라. 불필요한 지출을 막아라. 욕구에 따른 소비를 멈추라. 구멍 난 항아리에 물을 붓기 전에 구멍을 막아야 한다.

미래는 현재의 결과다. 미래의 수입도 현재 투자의 결과다. 지금 수입이 미래의 수입원이 될 수 있다. 지금 받는 급여가 미래 수입원이다. 급여를 무시하면 안 된다. 급여를 쉽게 써버리면 안 된다. 차곡차곡 모아야 한다. 적은 금액부터 모아야 한다. 종잣돈을 만들 수 있다. 지금 당장 '급여'를 미래의 수입원으로 만들자. 돈을 모으는 방법은 간단하다. 많이 벌면 된다. 불가능하다면 적게 쓰면 된다. 정리하자면 버는 것보다 적게 쓰면 돈은 모인다. 오늘부터 급여를 모아 '종잣돈'을 만들자.

요즘 젊은 청년들 사이에 '짠테크'가 유행이다. 고물가 저임금 시대에 조금이라도 더 모아보려는 움직임이다. 걷고 대중교통을 이용하면 돈을 벌게 해주는 '앱'을 활용한다. 설문조사에 참여하고 돈을 번다. 영수증을 인증하고 돈을 모은다. 적은 금액 같지만 한 달에 5~10만 원 모은다. 1년이면 100만 원을 모을 수 있다. 웬만한 은행 이자보다 높다. SNS로 하는 '무(無)지출 챌린지'도 인기다. 가급적 아예 돈을 쓰지 않는다. '내키내먹족(내가 키워 내가 먹는다는 신조어)'도 있다. 자주 먹는 채소를 직접 키워 먹으며 지출을 줄이는 것이다.

'급여'를 최대한 알뜰하게 모으는 것이 미래의 수입원이다. 서점에서도 '짠테크' 관련 책들이 잘 팔린다. SNS에 '짠테크' 비법을 공유한다. 도시락을 싸서 식비를 아낀다. 회사에서 커피를 마시며 지출을 막는다. '당근마켓'과 같은 직거래 방식의 중고 거래 '앱'도 인기다. 필요하지 않은 물건을 필요한 사람에게 판다. 중고 의류 사이트도 인기다. 합리적 소비를 선호하는 MZ세대들의 새로운 문화다. 반품 상품만 모아 저렴하게 되파는 쇼핑몰도 인기다. 대형 백화점이나 마트도 앞다퉈 중고 거래 시장에 뛰어들고 있다.

2) '가치 있는 투자'가 미래의 수입원이다

돈을 벌고 잘 모으면서 새는 돈을 막았다면 다음 단계를 시작하자. 재테크 전문가들이 "일단 3,000만 원부터 모으라"고 조언한다. 3,000만 원의 '종잣돈'이 모였으면 이제 '투자'를 할 차례다. '투자'란 '돈으로 돈을 끌어오는 것'이다. 쉽게 말해 이익을 얻기 위해 일이나 사업에 돈을 대는 것을 말한다. 종잣돈 마련을 위해 은행에 돈을 대는 것은 저축이다. 미래 수입원 마련을 위해 기업에 돈을 대는 것이 '투자'다. 개인이 어떻게 기업에 돈을 대는 것일까? 주식이나 채권 혹은 펀드를 사면 된다.

가령 아이가 강아지를 목욕시켜 번 돈은 급여다. 강아지 목욕으로 번 급여로 '강아지 목욕용품 회사 주식을 사는 것'이 투자다. 성냥팔이 소녀가 성냥을 팔고 받은 돈은 급여다. 성냥 팔아 받은 급여로 '성냥 재료 회사 주식을 사는 것'이 투자다. 거북이가 토끼와의 경주에서 이겨서 받은 상금은 급여다. 경주에서 받은 상금으로 '거북이가 신은 신발 회사의 주식을 사는 것'은 투자다. 물론 투자가 주식만 있는 것은 아니다. 아이와 지금 바로 시작할 수 있는 '투자'가 주식이다. 증권사 계좌만 개설하면 지금 바로 시작할 수 있다.

기업의 가치와 미래 성장 가능성을 충분히 공부해야 한다. 투자 전 주의사항들도 꼼꼼히 살펴보자. '투자'는 '투기'가 아니라는 사실을 명심해야 한다. 단기간에 큰 수익을 노리려고 무리하게 투자하면 안 된다. 잘못 만들어진 투자 습관은 고치기 힘들다. 나의 잘못된 투자 습관은 아이에게 영향을 미친다. 부동산, 채권, 펀드, 금, 달러(외화) 등도 투자 상품이다. 그림, 저작권, 코인에도 투자할 수 있다. 시간이 지나 가격이 오르면 팔 때 이익을 얻는다. 이것을 '시세차익'이라고 한다. '가치 있는 투자'가 미래의 수입원인 이유다.

아이와 하루라도 빨리 투자를 시작하라. 아이가 익숙한 회사부터 투자하라. 기간이 길어지면 투자의 효과가 커진다. 여유자금이 생길 때마다 투자 상품을 사서 모으라. 너무 무리해서 투자하지 말라. 한 가지 투자만 고집하지 말라. 아이와 함께 공부하면서 투자를 지속하자. 코로나 이후 '동학 개미 운동'이라는 주식 투자 바람이 불었다. 단기간에 높은 수익률은 얻은 사람들도 많다. '투자'는 '돈이 돈을 끌어오는 것'이다. 기다림이 필요하다. '가치 있는 투자'가 아이의 미래 수입원이자 새 파이프라인이다.

3) '투자가 만들어낸 수익'이 미래의 수입원이다

투자의 묘미는 시세차익에서 끝나지 않는다. '투자가 만들어낸 수익'이 또 있다. 돈이 일할 때 생기는 재미있는 장면을 볼 수 있다. 실제로 돈이 돈을 끌어온다. 기업이 개인에게 이익을 돌려줄 수 있다. '배당금'이다. 발명품이나 특허 사용료도 마찬가지다. 작가의 책이 판매될 때마다 인세도 같은 원리다. 가수의 음반이 판매될 때마다 따라오는 저작권료도 해당한다. 유튜브의 구독자가 많아지면 광고 수익도 커진다. 협찬받거나 실시간 방송 후원금도 많아진다. 돈이 일해서 데려온 돈이다. '투자가 만들어낸 수익'이다.

강아지 목욕 용품 회사의 주식을 샀다면? 강아지 목욕 용품 판매 수익 배당금을 받는다. 성냥 재료 회사의 주식도 배당금을 안겨주겠지? 거북이가 신은 신발 회사 주식도 배당금을 돌려줄 것이다. 베짱이가 여름 내내 쌓은 연주 실력으로 음반을 냈다면? 음반 판매 수익 외에 저작권료도 발생한다. 인어 공주가 폭풍에도 끄떡없는 생존 수영법으로 책을 썼다면? 책 판매 수익과 인세를 받게 된다. 지금부터 당장 투자를 시작해야 하는 이유다. '투자가 가져오는 또 다른 미래 수입원'이 부(富)를 재창출한다.

'방시혁' 의장은 'JYP 엔터테인먼트' 공동 설립자이자 '하이브' 대표이사다. 자산이 3조 5,000억 원이 넘는다. '방 의장'은 작곡가, 작사가, 음악 프로듀서, 기업인이다. 2021년 7월 13일 자 한국경제에 "'BTS의 아버지' 방시혁, 자산 2배 급증해 3조 7,000억"이라는 기사가 실렸다. 하이브 주가 상승으로 개인 자산이 2배 증가했다. 방탄소년단의 앨범이 '블룸버그 역사상 가장 많이 팔린 K-POP 앨범'이라고 한다. '방 의장'의 부(富)의 수입원이 눈에 보이는가? '투자가 만들어 낸 수익'이 미래의 수입원이다.

'복리(複利)' 마법을 아는가? 투자의 시간이 길어질수록 수익이 기하

급수적으로 커진다. 일정 금액(원금)으로 투자를 시작한다. 나중엔 원금과 이자를 계속 더해가며 이자가 붙는다. 눈을 뭉쳐서 굴리면 주변 눈들이 쉽게 붙는다. 순식간에 눈덩이가 커진다. 복리의 힘이다. '투자가 만들어낸 수익'이 얼마나 큰지 이해되는가? 부자들이 아이를 위한 투자를 아끼지 않는 이유다. '수익을 기대하며 투자'하라. '투자가 만들어낸 이익'이 아이의 미래 수입원이다. '투자가 불러온 수익'이 내 아이 부(富)의 밑거름이다.

경제적 자립을 이루고 조기 은퇴하는 '파이어족'이 많다. 유튜브 채널을 양도한 '주 작가'도 30대(代) 100억 원 자산가다. 급여만으로 부자가 될 수 없다. 아이의 미래를 든든하게 할 파이프라인이 필요하다. 아이에게 미래의 수입원을 가르쳐라. '지금 받는 급여'가 미래의 수입원이다. 돈을 벌고, 모으고, 지출을 막아라. '가치 있는 투자'가 미래의 수입원이다. '투자'는 '돈이 돈을 끌어오는 것'이다. 아이와 바로 투자'를 시작하라. '투자가 만들어낸 수익'이 미래의 수입원이다. 세계 억만장자 순위에 오른 '방시혁 의장'을 기억하라. 내 아이도 억만장자가 될 수 있다. 부(富)를 끌어오는 미래 수입원을 가르쳐라.

내 아이 미래 수입원 Tip

1) 아이와 '용돈으로 종잣돈 10만 원 만들기 프로젝트'를 시작해보자.(3Lv)
2) 아이와 '종잣돈 10만 원으로 관심 기업 주식 투자'를 시작해보자.(2Lv)
3) 아이와 '주식 시세차익을 확인하고 배당금으로 재투자'하자.(3Lv)

내 아이 부자 만드는 핵심 노트

Part 3. 12살까지 만들어주는 부의 파이프라인

1 독립적인 직업인으로 준비시켜라
- 1) 아이를 독립적 직업인으로 키우기 위한 '진로 교육'을 하라
- 2) 아이를 독립적 직업인으로 키우기 위한 '역량 강화'를 하라
- 3) 아이를 독립적 직업인으로 키우기 위한 '대체 불가능한 인재(人才)로 준비'를 하라

2 돈이 되는 배움을 지속하게 하라
- 1) '나에게 먼저 투자하라' 지식과 재능을 돈으로 바꿀 수 있다
- 2) '나만의 콘텐츠를 발견하라' 지식과 재능을 돈으로 바꿀 수 있다
- 3) '창의성을 키워라' 지식과 재능을 돈으로 바꿀 수 있다

3 틈새시장 공략을 훈련하라
- 1) '독점이 가능한 틈새시장'을 공략하라
- 2) '시대의 흐름을 읽으며 틈새시장'을 공략하라
- 3) '남들이 가지 않는 틈새시장'을 공략하라

4 기업가 정신을 길러줘라
- 1) 기업가 정신의 시작은 '카페 바리스타'에서 '카페 사장'이 되는 것이다
- 2) 기업가 정신의 발전은 '카페 사장'에서 '카페 프랜차이즈 사업가'가 되는 것이다
- 3) 기업가 정신의 완성은 '카페 프랜차이즈 사업가'에서 '그룹 회장'이 되는 것이다

5 미래의 수입원을 가르쳐라
- 1) '지금 받는 급여'가 미래의 수입원이다
- 2) '가치 있는 투자'가 미래의 수입원이다
- 3) '투자가 만들어낸 수익'이 미래의 수입원이다

아이와 하루라도 빨리 투자를 시작하라. 아이가 익숙한 회사부터 투자하라. 기간이 길어지면 투자의 효과가 커진다. 여유자금이 생길 때마다 투자 상품을 사서 모으라.

Part 4

부자 아이는 가정교육부터 다르다

1

나이에 맞는 경제 지식을 갖게 하라

: 혼자 나가라고? 아직 18세라고!

지난여름 방송에 나온 소식이다. 청년 2명이 차례로 스스로 목숨을 끊었다. 보육원에서 자라다 홀로서기를 시작한 20살 청년들이다. '보호 종료 아동'이다. 이들은 보육원에서 생활하다 만 18세가 되면 퇴소(退所)한다. 500만 원 정도의 자립 정착금과 자립 수당 35~50만 원이 전부다. 각자 독립을 시작한다. 지자체별로 지원 규모도 다르다. 정보를 몰라 혜택을 받지 못하는 청년들도 제법 많다. 한 해 '보호 종료 아동'이 2,500명에 이른다. 20살은 자신을 지켜내기에 아직 어리다. 홀로 세상에 내몰린 청년들을 도울 사회적 안전장치가 필요하다.

1) 나이에 맞는 경제 교육은 '최대한 빨리 시작하는 것'이다

유대인들은 아이가 어릴 때부터 경제 교육을 시작한다. 걸음마를 시작하기 전에 경제부터 가르친다. 아이 손에 동전을 직접 들고 저금통에 넣게 한다. 동전을 보는 시각, 손에 쥐는 촉각이 자극받는다. 동전이 바닥에 떨어지며 내는 '쨍그랑' 소리는 청각을 자극한다. 신체적 감각을 자극함으로 돈과 친숙해진다. 유대인 부모는 기부를 위한 저금통을 따로 준비한다. 아이가 저금통에 동전을 넣을 때마다 기부용 저금통에도 함께 넣게 한다. 유대인 아이들에게 저축과 기부가 함께 습관이 된다.

아이의 경제 교육 시기에 대해 의견이 다양하다. 많은 경제 교육 전문가들이 경제 교육은 '빠를수록 좋다'고 조언한다. 경제 교육은 머리로 하는 학습이 아니기 때문이다. 경제 교육은 습관이다. 잘못 자리 잡은 습관은 고치기 어렵다. 유아기 아이에게 '손에 들고 있는 과자를 달라'고 해보자. 아이는 냉큼 남은 과자를 먹는다. 두 손에 과자가 들려 있을 때는 다르다. 한 손에 쥔 과자는 등 뒤로 숨기고 반대편 손에 쥔 과자는 내준다. 아이에게 소유의 개념이 생기기 시작했다. 이때가 경제 교육을 시작할 나이다.

경제 교육은 욕구를 조절하는 힘을 키우는 것이다. 아이가 불편해야 욕구를 스스로 알아차릴 수 있다. 자신의 욕구를 느껴야 정확히 표현할 수 있다. 종종 아이가 욕구를 표현하기 전에 부모의 행동이 앞설 때가 있다. 아이가 불편함을 느낄 기회조차 없다. 부모가 먼저 해결한다. 대형 할인마트 장난감 코너에 가면 쉽게 이해된다. 아이와 실랑이하는 부모들이 보인다. 부모가 주변 사람들 눈치만 본다. 바닥에 드러누워 크게 우는 아이도 있다. 아이의 욕구 조절 능력이 아직 부족하다. 경제 교육이 필요하다.

어릴 때 경제(습)관이 평생을 결정한다. 아이에게 절제를 훈련하라. 가지고 싶은 것을 다 가질 수 없다는 것을 가르쳐라. 좋아하는 장난감을 모두 가질 수 없음을 알게 하라. 인내를 가르쳐라. 먹고 싶은 것을 참아야 한다는 것도 알려줘라. 맛있는 사탕을 양껏 먹을 수 없는 이유를 설명하라. 내 욕구를 조절하는 아이는 남의 욕구도 알아차릴 수 있다. 절제와 인내를 배운 아이는 가난과 궁핍을 이겨낼 수 있다. 나에게 소중한 아이가 사회에서 소중한 아이가 되게 하자. 사회에서 귀(貴)한 아이가 부자가 된다. 부자 아이가 풍요로운 세상을 이끌어갈 수 있다.

2) 나이에 맞는 경제 교육은 '신체 발달에 따라 성장하는 것'이다

유년기(초1-3학년) 아이들은 호기심이 왕성하고 활동적이다. 몸을 자주 움직인다. 에너지를 발산할 기회가 필요하다. 마트에 데려가 과일 통조림 목록을 작성하게 하라. 이 또래 아이는 질문이 많고 이야기를 좋아한다. 할인 상품을 찾아 아이와 할인하는 이유를 이야기하자. 유년기 아이들은 인정받고 싶은 욕구도 강하다. 제품의 유통기한을 아이에게 확인하게 해보자. 아이 덕분에 장보기가 수월하다고 칭찬하자. 유년기 아이는 전체를 보지 못하고 부분에 집중한다. 구체적으로 이해시키는 것이 중요하다. 1,200원짜리 과자 5봉지를 아이가 선택하게 하라.

장보기가 생각보다 오래 걸릴 때가 많다. 아이에게 타임키퍼(Time-keeper) 미션을 주자. 유년기 아이들은 시간의 개념이 제한적이다. 사고의 체계가 현재에 집중된다. 미션을 잘 해낼 수 있다. 유년기 또래 아이는 경쟁을 좋아한다. 최고가 되길 원한다. 1주일 동안 온 가족 일찍 일어나기 대회를 해보자. 가족들에게 5,000원씩 참가비를 걷어 우승자에게 전액을 상금으로 주자. 유년기 아이들은 그림을 그리고, 종이를 오리고, 꾸미는 것을 좋아한다. 대회 결과표를 아이에게 만들게 하라. 거실에 붙여놓으면 다양한 경제 교육도 가능하다.

소년기(초4-6학년) 아이들은 사춘기 초기에 접어든다. 어른으로 성장해가는 과도기다. 또래들과 관계가 중요하다. 밖에서 하는 활동을 좋아한다. 신체가 급성장하는 시기다. 식사량이 많아진다. 한 달에 한 번 친구와 나들이를 허락하자. 약간의 보너스를 지급하자. 아이가 용돈을 아끼려고 굶게 하면 안 된다. 이 또래 아이들은 직접 경험할 수 있고 즉시 실천이 가능한 것에 관심이 많다. 아이가 참여할 수 있는 바자회나 프리마켓을 찾아 기회를 주자. 아이가 기획, 준비, 판매 모두 주체적으로 하게 하라. 수익금을 어떻게 할 것인지도 아이와 함께 의논하라.

소년기 아이들은 외모에 관심이 많다. 개성을 표현할 창조적 활동을 좋아한다. 연말에 가족들 각자 '3만 원의 매직' 이벤트를 진행해보자. 진행과 심사는 아이에게 맡기자. 도전하는 것을 좋아하지만 두려움이 크다. 인정받고 싶은 욕구가 커서 주변 사람들을 많이 의식한다. '1일 가족 소풍 계획'을 아이에게 짜보게 하자. 아이가 주도하는 대로 따라 하자. 격려와 감사도 잊지 말자. 비용에 대한 피드백도 중요하다. 영상이나 글로 기록하도록 훈련하자. 다음 소풍을 위해 필요한 목돈 마련도 함께 계획하자. 아이와 예금, 적금, 투자 상품도 함께 찾아보자.

3) 나이에 맞는 경제 교육은 '재정적 독립과 자립에 도착하는 것'이다

아이가 성장하면서 키도 자라고 몸무게도 늘어난다. 많은 교육을 받아 아이의 지식수준도 높다. 다양한 문제를 해결할 만큼 지혜도 커진다. 경제 교육도 이와 같다. 아이가 성장하면서 경제에 대한 이해도 자란다. 사회에서 차지하는 경제적 역할도 커진다. 사회 구성원들이 의무적으로 내야 하는 비용이 얼마나 다양한지 배운다. 아무 노력도 하지 않으면 소용없다. 누구도 대신할 수 없다. 시간이 지난다고 자동으로 되지 않는다.

가르치지 않으면 배우지 못한다. 부모가 대신하면 아이 스스로 배울 수 없다.

아이의 손으로 동전을 자판기에 넣게 해보자. 직접 음료수 버튼을 눌러봐야 한다. 버스 카드를 들고 버스를 타게 하자. 아이가 버스 비용을 내야 한다. 서점에서 읽고 싶은 동화책을 고르게 하자. 아이 손으로 직접 결제하게 하자. 경제 교육의 목적은 아이의 독립이다. 아이의 재정적 독립과 경제적 자립을 위해 경제를 가르친다. 아이를 독립적 경제인으로 사회에 내보내기 위함이다. 경제적으로 건강한 사회인으로 준비시켜야 한다. 아이를 책임 있는 경제인으로 준비시키는 훈련이 필요하다. 평생 부모가 아이 곁에서 도울 수 없다.

'바르 미츠바(Bar Mitzvah)'를 아는가? 유대인의 성인식이다. 유대인들은 남아(男兒) 13세, 여아(女兒) 12세가 되면 성인식을 한다. 성인식은 유대인들에게 가장 중요한 종교의식이다. 성인식 날 토라, 손목시계와 축의금을 아이에게 선물한다. 스스로 토라를 읽고 종교 생활을 하는 성인이 되었다. 유대인은 시간과 약속을 소중히 여긴다. 시계를 보며 신뢰의 사람이 되라는 것이다. 성인이 된 것을 축하하며 가족과 친지들이 축의금을 준다. 아이가 경제적으로도 책임 있는 성인이 되는 날이다.

성인식에서 받은 축의금이 5만 달러가 넘기도 한다. 유대인들은 축의금으로 투자를 시작한다. 예금을 하거나 주식, 채권에 투자한다. 어떻게 수익률을 높일 것인지 끊임없이 연구하고 토론한다. 스스로 안정적인 자산 운용이 가능해진다. 대학에 갈 무렵까지 복리로 불어난다. 창업도 가능할 정도의 비용이다. 유대인들은 자산 운용 경험을 통해서 '돈을 어떻게 다루는지' 배운다. 진정한 경제 독립을 이룬다. 이른 나이에 재정적 자립을 시작해 빨리 부(富)를 이룬다. 아이의 나이에 맞게 경제를 가르치자. 내 아이도 세계적인 부자의 대열(隊列)에 설 수 있다.

누구나 준비 없이 세상에서 독립하는 것은 불가능하다. 재정적 자립을 위해 준비해야 한다. 미리 계획해야 한다. 아이가 실제 나이에 맞는 경제 지식을 갖춰야 한다. 나이에 맞는 경제 교육은 '최대한 빨리 시작하는 것'이다. 어릴 때 경제 습관이 평생을 결정한다. 나이에 맞는 경제 교육은 '신체 발달에 따라 성장하는 것'이다. 초등학생 시기인 유년기와 소년기 아이들의 발달을 공부하라. 시기에 적절한 경제 훈련을 시작하자. 나이에 맞는 경제 교육은 '재정 독립과 자립에 도착하는 것'이다. 유대인의 '바르 미츠바'를 기억하자. 이른 경제 자립이 중요하다. 나이에 맞는 경제 교육은 내 아이도 큰 부(富)의 주인공이 되게 할 것이다.

내 아이 나이에 맞는 경제 교육 Tip

1) 아이와 '스마트폰 게임 절제 규칙'을 만들어보자.(3Lv)

(예: 약속 시간보다 오래 게임하면 10분당 200원씩 용돈을 줄인다.)

2) 아이에게 '가족 1일 소풍 계획과 예산표'를 만들게 하자.(4Lv)

3) 아이와 '아이 통장에 모은 돈으로 할 수 있는 일이 무엇인지' 찾아보자.(3Lv)

2

예절 교육으로 인성 좋은 부자가 되게 하라

: 766억 원을 카이스트에 기부한 통 큰 분!

『전설의 수문장』의 저자인 '권문현' 작가는 46년간 호텔에서 근무했다. 36년간 웨스턴조선호텔에서 근무를 마치고 정년퇴직했다. 지금은 콘래드 서울호텔 지배인으로 근무 중이다. '권 작가'가 호텔에 입사할 당시 호텔은 일반인에게 낯선 공간이었다. 호텔에서 근무하면서 많은 외국인과 부자들을 만났다. '권 작가'가 기억하는 부자들은 친절하고 너그러운 사람들이다. 성공한 부자들은 대부분 따뜻하고 인간미(人間美)가 있다. '권 작가'는 "나 같은 사람에게도 이토록 호의적이신데, 자기 사람들과 파트너들에게는 오죽하실까?"라고 말한다.

1) 인성 좋은 부자가 '감정에 선한 영향력'을 키운다

'션'과 '정혜영' 부부는 기부 천사로 알려졌다. 연예계에서 가장 기부를 많이 하는 부부(夫婦)다. 결혼 후 어려운 이웃들을 위해 기부한 금액이 45억 원이나 된다. 물질뿐만 아니라 봉사활동도 열심히 한다. 자녀들도 부모와 함께 봉사활동을 한다. 아이들은 봉사활동을 당연하게 여긴다. 오죽하면 "봉사활동이 놀이인 줄 안다"고 한다. '션'과 '정혜영'의 아이들은 부모를 따라 봉사활동 하는 것이 행복하다. 인성 좋은 부모가 아이들의 '감정에 선한 영향력'을 끼쳤다. 긍정적 영향력이 사방으로 계속 퍼지고 있다.

'션'과 '정혜영' 부부를 보며 도전을 받는 사람들이 많다. 이들 부부처럼 '선한 영향력'을 끼치며 살고 싶다는 글이 SNS에 많다. 부자 부부의 좋은 인성이 '선한 영향력'을 끼친다. 인성 좋은 부자는 빛난다. 배우 '이영애' 씨의 '선한 영향력' 또한 유명하다. 배우 '이영애' 씨의 '선한 행보(行步)'는 자녀를 키우는 엄마로서 더 빛난다. 부모들이 인성 좋은 '이영애' 씨의 '선한 영향력'에 큰 도전을 받고 있다. 곳곳에서 자신의 형편껏 기부나 성금을 한다. 인성 좋은 부자가 '감정에 선한 영향력'을 키운다.

향수 가게에 오래 머물다 나오면 옷에 향기가 밴다. 식당에서 불에 구운 고기를 먹고 나오면 옷에서 연기 냄새가 난다. 인성 교육도 이와 같다. 나도 모르는 사이에 조금씩 옷과 몸에 배는 향기와 같다. 자연스럽게 체화(體化)된다. 인성 교육은 학습이 아니다. 인성 교육은 '삶'으로만 가능하다. 아이들에게 '삶'으로 가르친 것만 남는다. 부부의 관계가 좋은 가정은 화목하다. 화목한 가족은 배려할 줄 안다. 양보가 어렵지 않다. 가정 밖에서의 모습도 마찬가지다. 인성 좋은 부자가 '감정에 선한 영향력'을 키운다. 사랑과 감사가 넘친다.

'구두 아지오'는 구두를 만드는 사회적 기업이다. 청각 장애인들의 일자리 창출에 기여하는 기업이다. 몇 년 전 경영이 어려워져 문을 닫았다. 문재인 전(前) 대통령의 굽이 닳은 구두로 관심을 받게 되었다. '유시민' 작가와 가수 '유희열' 씨가 모델로 재능을 기부했다. 가수 '이효리' 씨와 남편 '이상순' 씨도 모델로 나섰다. 이후 접속자들이 너무 많아 홈페이지가 마비되기도 했다. 인성 좋은 사람이 부자가 되어야 하는 이유다. 내 아이를 인성 좋은 부자로 키우자. 인성 좋은 부자의 선한 영향력이 퍼진다. '감정에 선한 영향력'도 퍼진다.

2) 인성 좋은 부자가 '경제에 선한 영향력'을 키운다

『탈무드』에 '장사꾼이 하면 안 되는 3가지 원칙'이 나온다. 첫째, 과대포장과 허위 선전을 하지 말 것. 둘째, 정량(定量)을 속이지 말 것. 셋째, 매점매석(買點賈惜)을 하지 말 것. 남을 속이거나 남에게 해를 끼쳐 이룬 부(富)는 오래가지 못한다. 인성이 나쁜 부자들 주위에는 비슷한 사람들이 모인다. 부자에게 해를 끼치고, 배신을 하는 사람들 말이다. 심지어 부자의 재산을 빼돌리는 사람들도 많다. 드라마나 뉴스를 통해 자주 볼 수 있다. 그들은 서로 먹고 먹히는 약육강식(弱肉强食)의 살벌한 관계다.

반면 인격이 좋은 부자들은 부(富)가 더 커진다. 자신뿐만 아니라 주변 사람들도 함께 부자가 된다. 경제적 선순환이 일어난다. 삼성의 '이재용' 회장은 예절의 아이콘이다. 인성 좋은 부자로 유명하다. 최근 '이 회장'의 행보(行步)가 집중을 받았다. 2030 'MZ세대'와 보폭을 맞추려는 '이 회장'의 노력이 인기다. 현장을 직접 방문하고 직원들과의 소통도 활발하다. 유연한 조직문화와 직원들의 복지 개선을 위한 노력이다. 일부 직원들은 앞다퉈 '이 회장'과 사진을 찍기도 했다. '연예인을 본 기분'이라는 반응도 전해진다.

상상해보라. 회장이 구내식당에서 라면을 먹고, 직원들과 사진을 찍으면 어떤 기분일까? 사내 어린이집에 방문해 아이들과 눈 맞추며 대화하는 회장이 흔할까? 이런 회사에 다니는 직원들이 행복하지 않겠는가? 직원 개인들의 자긍심과 만족도가 높아지면 조직문화도 달라진다. 활기찬 조직의 분위기는 성과로 이어진다. 일의 성과가 경제적 성과로 연결된다. 복지, 분위기, 조직문화, 성과 모두 좋은 회사라면 모두가 애사심(愛

社心)을 가진다. 인기 있는 회사가 된다. 더욱 성장한다. 협력 업체와 계열사들도 성장할 수 있다. 경제적 선순환이다.

'나비 효과'를 떠올려보자. 어딘가에서 나비 한 마리가 날갯짓을 시작한다. 별안간 뉴욕에 태풍을 일으킬 수 있다. 인성 좋은 사람이 선한 발걸음을 시작했다. 선한 영향력이 도미노처럼 퍼진다. 새로운 유행을 일으키고 문화로 정착된다. 선한 영향력이 태풍과 같은 효과를 보인다. 인성 좋은 부자의 행보라면 어떨까? 부자가 시작한 한 걸음의 행보가 조직과 회사의 분위기를 바꾼다. 행복한 조직이 경제적 부(富)를 더 끌어온다. 인성 좋은 부자가 '경제에 선한 영향력'을 키운다. 내 아이를 인성 좋은 부자로 키워야 할 이유다.

3) 인성 좋은 부자가 '사회에 선한 영향력'을 키운다

766억 원을 '카이스트(KAIST)'에 기부한 회장을 기억하는가? '카이스트' 역사상 최고액의 기부라고 한다. 평생 모은 재산을 기부한 '광원산업'의 '이수영' 회장의 이야기다. '이 회장'은 90세를 바라보는 고령(高齡)이다. 일제 강점기에 나라 없는 설움을 뼈저리게 느꼈다. 한국 전쟁의 격동기도 살았다. 어려서부터 돈을 벌면 사회에 환원해야겠다고 생각했다. 사람들을 돕고 살겠다고 생각한 것이다. '이 회장'의 어머니는 작은 것도 이웃과 나눠 먹었다. 없는 살림에도 선행을 베풀며 살았다. 부모의 선행이 '이 회장'의 인생에 큰 영향을 끼쳤다.

'이 회장'은 70년대 기자로 활동했다. 해외에서 일본 관광객을 보고 자기도 모르게 열등감을 느꼈다. 80년대에는 해외에서 S사의 광고판만 봐도 한국의 위상이 높아진 것 같아 뿌듯했다. 어느 날 TV에서 '이 회장'은 '카이스트' 총장의 연설을 들었다. '과학의 발전이 국력과 연결된다'는 연설이 '이 회장'의 마음을 움직였다. '이 회장'은 실력 있는 과학자를 키워야 국력을 키울 수 있다고 생각한다. '카이스트'에서 한국인 노벨상 수상자가 나올 것을 기대하며 과감하게 기부를 결정했다.

내 아이를 인성 좋은 부자로 키워야 한다. 인성 좋은 아이를 부자로 키워야 한다. 인성 좋은 부자가 '사회에 선한 영향력'을 키운다. '이 회장' 부모의 선행은 세월이 흘러서도 선한 영향력을 끼치는 중이다. 인성 좋은 부모가 인성 좋은 부자를 키웠다. 인성 좋은 부자가 자기 재산 전액을 사회에 기증했다. 766억 원이라는 거액은 국가의 과학 발전에 유용하게 사용된다. 장학금을 받고 성장한 과학자가 사회에 공헌한다. 국력이 강화되고 국가의 위상이 높아진다. 국민들이 자긍심을 갖는다. 긍정적인 사회 분위기가 조성된다. 선순환이 계속된다.

'이 회장'은 낭비하지 않고 아끼고 저축하면 큰 재산을 모을 수 있다고 조언한다. '이 회장'은 이후에도 기부할 계획이다. 나의 재능과 재산이 남을 위해, 사회를 위해 쓰인다면 더없이 뿌듯하고 행복하지 않겠는가? 인성 좋은 부자는 가정에서 출발한다. 가정에서 부모가 보여준 '삶' 자체가 인성 좋은 사회인을 만든다. 인성 좋은 부자를 만든다. 세상 부자들이 모두 '이 회장' 같다면 사회가 얼마나 살기 좋아지겠는가? 내 아이도 할 수 있다. 내 아이를 인성 좋은 부자로 만들자. 인성 좋은 부자가 '사회에 선한 영향력'을 주도할 것이다.

46년간 호텔에서 '수문장'으로 일한 '권 작가'는 부자들을 인성이 탁월한 사람으로 기억한다. 인성 좋은 부자는 '감정에 선한 영향력'을 키운다. 봉사활동과 기부로 유명한 '션'과 '정혜영'의 아이들은 봉사를 '놀이'로 느낀다. 인성 좋은 부자는 '경제에 선한 영향력'을 키운다. 삼성의 '이재용' 회장의 친근한 행보가 직원들과 회사의 성과에 긍정적 영향을 미친다. 선순환이 반복된다. 인성 좋은 부자는 '사회에 선한 영향력'을 키운다. '이수영' 회장의 766억 기부가 과학의 발전을 넘어 한국의 위상을 높일 것이다. 내 아이를 인성 좋은 부자로 키우자. 세계에 선한 영향력을 확산시키는 인성 좋은 부자가 될 것이다.

내 아이 인성 교육 Tip

1) 아이와 '온 가족 봉사의 날'을 만들어보자.(4Lv)

2) 아이가 '직접 매월 기부할 수 있는 단체와 금액'을 정해보자.(3Lv)

3) 아이와 '특별 기부의 날(생일, 어린이날, 크리스마스)'을 정해보자.(4Lv)

3

원칙이 분명한 용돈 교육을 하라

: 아직도 바닷속에서 맷돌이 돌고 있다고?

카페에서 옆 테이블에 앉은 두 여성의 목소리가 유난히 크다. 쩌렁쩌렁 울리는 목소리로 한 분이 맞은편에 앉은 친구에게 하소연한다. 딸이 며칠 전 자신의 (신용)카드를 가져갔다. 딸은 '국민 가게 D'에서 필요한 것을 사기로 했다. '어린애가 뭘 얼마나 살까?' 싶어 카드를 건네줬다. 아뿔싸! 딸은 무려 12만 원을 카드로 결제했다. 자신도 3만 원을 넘긴 적이 없었다. 가격이 저렴해 자주 애용하는 곳인데 결제금액이 너무 커서 놀랐다고 했다. 아이가 값이 싼 물건을 12만 원이나 샀다는 사실이 충격적이라고 했다.

1) 용돈 교육의 원칙은 '책임성'이다

소금을 만드는 맷돌 이야기를 기억하는가? 마음 착한 임금에게 요술 맷돌이 있었다. 원하는 것을 말하면 나오는 맷돌이었다. 소문을 들은 도둑은 임금이 잠든 사이에 맷돌을 훔쳤다. 바닷가로 달려가 맷돌을 싣고 노를 저었다. 바다 한복판에서 도둑은 "소금아 나와라." 하고 외쳤다. 정말 맷돌이 돌아가며 소금이 나왔다. 얼마쯤 지났을까? 소금이 배에 가득 찼다. 배가 가라앉을 것 같았다. 도둑은 맷돌을 멈추는 법을 기억하지 못했다. 소금이 쌓이고 쌓여 배가 가라앉기 시작했다. 살려달라고 소리 질러도 바다에서 도둑을 구해줄 사람은 아무도 없었다.

부모가 돈이 없다고 하면 아이들은 (신용)카드를 찾는다. 아이들은 카드가 소금을 만드는 맷돌인 줄 아는 모양이다. 현금을 잘 사용하지 않는 까닭일까? 부모가 마트에서 물건을 사고 카드로 결제한다. 음식을 배달시킬 땐 스마트폰으로 미리 결제한다. 카드만 있으면 돈이 없어도 된다. 순간적으로 도둑을 기쁘게 했던 귀한 소금이다. 맷돌을 멈추지 못해 소금 때문에 배가 가라앉았다. 아무리 편리한 카드도 규모의 지출을 넘으면 곤란하다. 가정 경제라는 배를 가라앉게 만든다. 아이에게 부모의 경제 규모를 가르쳐야 한다.

아이에게 용돈 교육을 시작하자. 기본적인 의식주(衣食住)를 제외하고 아이에게 지원을 끊자. 대신 아이에게 용돈을 주자. 용돈 교육 시작 전 아이의 지출 규모를 파악하자. 친구 선물, 간식, 화장품, 예쁜 장식품은 용돈으로 사게 하자. 용돈 교육의 원칙은 '책임성'이다. 아이가 정해진 용돈 안에서 필요를 해결하게 하자. 정해진 규모 안에서 '자율성' 있게 소비하도록 허락하자. 다음 용돈을 지급일 전에 다 썼다고 더 주면 안 된다. 용돈 교육은 '책임성' 있는 아이를 만든다. '책임성' 있는 아이가 '책임성' 있는 어른으로 성장한다. 부(富)를 향한 첫걸음이다.

부모도 아이도 처음이라 서툴 수 있다. 필요하면 협상을 통해 용돈 규모를 조절하라. 주의해야 할 사실은 아이가 약간 부족하다고 느낄 정도의 용돈만 지급하라. 약간의 결핍이 절제를 가르친다. 어른으로 성장하는 과정에서 '책임'을 배울 수 있다. 소금이 아무리 좋아도 "맷돌아 멈춰라!"를 외쳐야 한다. 사고 싶은 것이 아무리 많아도 카드 사용을 멈춰야 한다. 규모에 맞는 경제 훈련이 필요하다. 경제 규모에 맞는 경제 훈련의 시작은 용돈 교육이다. 원칙이 있는 용돈 교육을 시작하자. 부(富)를 향한 용돈 교육의 첫 번째 원칙은 '책임성'이다.

2) 용돈 교육의 원칙은 '지속성'이다

아이에게 용돈을 정기적으로 지급해야 한다. 다시 말해 '지속성' 있는 용돈 교육이 필요하다. 아이가 실수하거나 서툰 것이 당연하다. 그럴 때마다 부모가 끼어들거나 용돈 교육을 멈추면 아이의 경제적 자립이 늦어진다. 지금의 상황에서 짜임새 있게 용돈을 사용해야 한다. 더 큰 규모의 돈을 관리할 수 있다. 평소에 라면 1개만 끓여본 사람에게 갑자기 100개의 라면을 끓이라고 하면 가능하겠는가? 용돈 교육도 마찬가지다. '지속적'인 훈련이 필요하다. 아이의 나이와 상황에 맞는 돈 관리 능력을 익혀야 한다. 더 큰 부(富)도 관리 능력에 달려있다.

방송에서 보는 '달인'의 경우를 떠올려보자. 매일 똑같은 일을 반복한다. 단순한 작업이라도 시간이 쌓여야 달인만의 기술이 생긴다. '지속성'의 힘이다. 국가대표 축구선수도 마찬가지다. 처음부터 거창한 것을 훈련하지 않는다. 쉬지 않고 '드리블(dribble)'만 반복해 연습한다. 극한의 상황으로 몰아가며 훈련한다. 몸이 공을 기억하면 다양한 기술로 응용할 수 있다. 지루해도 지속하는 이유다. 익숙해도 지속하는 이유다. 자신 있어도 지속하는 이유다. 아이의 용돈 관리도 같은 원리다. 잊지 말자. 용돈 교육의 원칙은 '지속성'이다.

아이에게 '지속적'으로 용돈을 교육하자. 아이에게 용돈을 지급하기로 한 날짜를 지키자. 용돈 교육은 약속을 지키는 것이다. 용돈 지급일을 미루거나 빠뜨리는 실수를 하면 안 된다. 돈이 없어도 아이의 용돈은 미리 준비해두자. 현금으로 준비해 봉투에 담아 아이에게 직접 전달해주자.

아이가 계획성 있게 돈을 지출할 수 있도록 훈련하자. 영수증을 챙겨 수입과 지출을 기록하게 하자. 반드시 아이에게 피드백하라. 자신의 용돈 사용을 스스로 평가할 기회를 주라. 돈을 대하는 자세가 달라진다. 돈을 관리하는 힘이 자란다.

'임계점(臨界點)'의 원리를 기억하자. 어떤 물질의 구조와 성질이 다른 상태로 변할 때의 온도와 압력이 임계점이다. 물은 100℃가 되어야 끓는다. 아무리 열을 가해도 99℃에서는 물이 절대 끓지 않는다. 임계점을 기다리지 못하고 포기할 때가 많다. 조금 더 '지속'해야 끓는다는 것은 성취한 사람만 알 수 있다. 아이를 부자로 키우고 싶은가? 용돈 교육을 '지속'하자. '지속적'으로 용돈을 지급하자. 아이와 다툼이 생겨도 멈추지 말자. 용돈 관리가 마음에 들지 않아도 포기하지 말자. 100℃의 임계점이 될 때까지 '지속적'인 용돈 교육을 훈련하자.

3) 용돈 교육의 원칙은 '일관성'이다

요즘엔 반려동물을 키우는 가정이 많다. 인기 반려동물 중 고양이를 빼놓을 수 없다. 야생에서 살던 시기엔 고양이가 먹이를 사냥했다. 먹을 때 최대한 많이 몸에 저장했다가 필요할 때 썼다. 요즘처럼 가정에서 생활하는 고양이는 사냥이 필요 없다. 자율배식(配食)은 고양이 대사 질환의 원인이다. 주의가 필요하다. 고양이에게 먹이를 줄 때 기준이 필요하다. 필요한 칼로리를 계산해 먹여야 한다. 한 살 이상의 고양이는 12시간 간격으로 하루에 2번 나눠서 사료를 줘야 한다. 건(乾)사료와 습(濕)사료를 1:1의 비율로 섞어주는 것이 이상적이다.

고양이뿐만 아니다. 다른 반려동물도 마찬가지다. 고슴도치, 거북이나 열대어, 햄스터도 규칙을 잘 지켜야 한다. 먹이는 규칙적인 시간과 정해진 양을 지켜야 한다. 아이 용돈 교육도 마찬가지다. 용돈 교육의 원칙은 규칙적인 '일관성'이다. 아이에게 지급하기로 약속한 용돈을 '일관되게' 주자. 나의 월급이 고정적이지 않고 유동적이라면 어떻겠는가? 계획적인 경제생활이 불가능하다. 어떤 경우는 고정 지출도 감당하지 못할 수 있다. 빚을 지게 되거나 불필요한 이자가 발생할 수 있다. 아이들도 마찬가지다. '일관된' 용돈 교육이 중요하다.

종종 아이들에게 "어제는 아빠가 술 마시고 늦게 오셔서 갑자기 용돈 5만 원 주셨어요."라는 얘기를 듣는다. 갑자기 생긴 보너스로 뭘 했는지 물으면 아이들은 기억하지 못한다. 계획 없이 무의미하게 써버린 것이다. 아이 용돈 교육에 참고하자. 오랜만에 만난 친척에게 몇십만 원의 용돈을 받으면 어떻게 하는가? 이런 상황은 '일관성' 있는 용돈 교육에 방해가 된다. 사전에 아이와 상의하여 결정해두지 않으면 큰돈이라도 순식간에 사라진다. 아이들은 늘 용돈이 부족하다고 생각한다. 특별한 훈련을 지속해야 하는 이유다.

용돈 교육을 '일관성' 있게 해야 아이가 돈을 잘 관리한다. 아이와 약속한 날짜를 지켜라. 아이에게 지급하기로 약속한 금액을 지켜라. '일관성' 있는 훈련이 돈 관리 능력을 빨리 키울 수 있다. 위조지폐를 감별하는 훈련을 할 때 진짜 지폐만 사용한다는 사실을 아는가? 먼저 진짜 지폐를 만지고 관찰해야 한다. 진짜 지폐의 '일관된' 모양과 크기, 특징을 익혀야 한다. '일관성'을 감별하는 것이 실력이다. 위조지폐는 '일관성'이 없다. 숙련된 감별사가 다양한 위조지폐를 가려낼 수 있다. 기억하라. 부자로 만드는 용돈 교육의 원칙은 '일관성'이다.

초등학생이 '국민 가게 D'에서 물건을 구입하고 12만 원을 결제했다. 평소에 용돈 교육을 훈련받았다면 어땠을까? 아이를 부자로 키우려면 용돈 교육이 필요하다. 기준이 분명한 훈련을 시작하자. 용돈 교육의 원칙은 '책임성'이다. '책임성'을 배운 아이가 '책임성' 있는 부자가 될 수 있다. 용돈 교육의 원칙은 '지속성'이다. '지속적인' 훈련이 돈 관리를 잘하는 달인으로 만들 것이다. 용돈 교육의 원칙은 '일관성'이다. '일관된' 진짜 지폐에 익숙하면 위조지폐를 감별해 낸다. 부(富)를 키우는 출발점은 원칙 있는 용돈 교육이다. 돈을 관리하는 힘을 훈련하자.

내 아이 용돈 교육 기준 Tip

1) 아이와 '1주일에 3일 카드 없는 날(현금만 사용)'에 도전해보자.(3Lv)
2) 아이와 '지금 받는 용돈의 10분의 1을 10년간 모으면 얼마인지'를 계산해보자.(3Lv)
3) 아이와 '갑자기 생긴 큰돈, 갑자기 지출할 큰돈을 어떻게 할 것인지'를 의논해보자.(4Lv)

4

집안일로 경제를 가르쳐라

: 멋진 집이 순식간에 돼지우리!

TV 프로 〈애들 생각〉에 나온 사연이다. E양은 두세 달 전에 용돈이 끊겼다. E양과 엄마가 용돈 협상 중이다. 엄마가 E양에게 방을 잘 정리하면 1주일에 5,000원을 주겠다고 제안한다. 기존 용돈보다 적은 금액이라 딸이 동의하지 않는다. 엄마를 도우면 언제든지 3,000원씩 더 받을 수 있다. 불만족스럽지만 E양이 동의했다. 패널들은 E양의 입장을 변호했다. 사춘기 때는 엄마가 시키면 왠지 하기 싫다고 한다. 용돈은 원래 지급해야 하고, 더 필요할 때 알바(아르바이트)를 이용하라고 말한다. 집안일과 용돈을 거래한다고 느껴서 부당하다고 생각할까?

1) 집안일로 '자기 계발 능력'을 배울 수 있다

아이는 세상에서 가장 먼저 부모와 관계를 맺는다. 다음에 형제자매와 관계를 맺는다. 친지들과도 관계를 맺는다. 가족이라는 공동체가 아이에게 사회관계를 맺는 첫 집단이다. 아이는 가정에서 사회성을 배우기 시작한다. 가정은 가장 작은 공동체다. 가정에서 집안일을 배우는 것은 매우 중요하다. 학교 공부에만 집중하느라 집안일을 배우지 못하는 것은 큰 불행이다. 아이가 집안일을 함께 하면서 다양한 '자기 계발 능력'을 배울 수 있다. 아이가 부자가 되길 원하는가? 아이에게 집안일로 '자기 계발 능력'을 키우자.

미국 하버드 의대 '조지 베일런트(George Vaillant)' 교수의 연구를 살펴보자. 11세에서 16세의 아동 456명을 대상으로 35년간 조사했다. 성인이 되어 성공한 사람들의 공통점은 "어린 시절에 집안일을 경험한 적이 있다."라고 확인됐다. 학교 공부와 달리 아이들은 짧은 시간 동안 집안일을 통해 성취감을 맛볼 수 있다. 집안일을 자주 경험한 아이일수록 성취감을 자주 느낀다. 집안일은 책임감, 소속감, 리더십, 긍정 습관, 자립심과 공감 능력도 키운다. 다양한 '자기 계발 능력'을 집안일로 자연스럽게 훈련할 수 있다.

성공한 부자들은 '자기 계발 능력'의 전문가다. 사람들이 부자들을 따라 책을 읽으며 '자기 계발 능력'을 키운다. 고가(高價)의 세미나에 참석하기도 한다. 아이들의 '자기 계발 능력'도 훈련하고 싶어 한다. 아이들도 어른과 같은 방식으로 훈련한다. 일단 멈추자. 우선 집안일을 먼저 훈련하자. '조지 베일런트' 교수는 어린 나이에 집안일을 시작할수록 좋다고 조언한다. 3~4세부터 집안일을 시작한 아이들은 자립심과 책임감이 아주 높다. 10대에 집안일을 시작한 아이들보다 성공한 삶을 살 가능성도 높다.

아이들이 부모를 떠나 기숙사에서 공동체 생활을 시작한다. 룸메이트와 갈등을 겪는 경우가 많다. 서로 자란 환경 차이 문제가 아니다. 역할 분담이 이루어지지 않는다. 거의 모든 일이 집안일을 해본 아이에게 맡겨진다. 집안일을 안 해본 아이가 룸메이트에게 끼치는 불편과 피해는 상상 이상이다. 이런 아이는 가는 곳마다 환영받지 못한다. 성공의 기회가 찾아오지 않는다. 기억하자. 부자들의 교육은 가정에서 시작된다. 부자들은 생활교육부터 다르다. 아이가 집안일로 '자기 계발 능력'을 체화(體化)하도록 훈련하자.

2) 집안일로 '재산 증식 능력'을 배울 수 있다

지인 F씨의 집에 방문했을 때의 일이다. 거실에서 가장 잘 보이는 벽에 '용돈 지급표'가 붙어 있었다. 설거지 500원, 청소 1,000원, 빨래 1,000

원, 신발 정리 300원 등이다. 하는 일에 따라 다른 금액이 적혀 있었다. 아이들에게 집안일을 훈련하기 시작했다. 약속한 금액을 거실에 적어 붙여둔 것이다. 그러고 보니 F씨의 아이들은 집안일을 돕는 것에 매우 적극적이었다. 많이 해본 경험이 있어서였을까? 상당히 숙련된 솜씨가 느껴졌다. 아이들이 바쁜 엄마를 적극적으로 도왔다. 집안일에 참여하고, 용돈도 받고 이만하면 일석삼조(一石三鳥) 아닌가?

아이들에게 집안일 교육에 용돈 교육을 접목할 수도 있다. 어떤 전문가들은 집안일에 일절 용돈을 지급하면 안 된다고 말한다. 아이들이 용돈을 일종의 보상으로 생각하기 때문이다. 교육에 좋지 않다는 주장이다. 집안일에 용돈을 주는 대신 칭찬과 격려를 하면 아이의 자존감을 더 높일 수 있다고 한다. 물론 집안일을 용돈의 도구로만 활용해서는 안 된다. 용돈 교육에 앞서 노동의 가치를 가르치자. 집안일은 엄마의 의무가 아니다. 아이의 전(全)인격적 능력을 키우는 일에 집안일을 활용해보자.

집안일로 용돈 교육을 하는 경우를 살펴보자. 우선 아이가 할 수 있는 집안일을 함께 찾아보자. 아이도 가정의 구성원이다. 공동체를 위한 역할과 책임이 있다는 것을 이해시키자. 사회인으로서 역할과 책임도 배워야 한다는 것을 가르치자. 나중에 어른이 되어 번 돈을 관리할 능력이 필요하다는 것을 말해주자. 아이가 집안일을 활용해 홈 알바(아르바이트)

를 할 수 있다. 실제 돈 대신 가정 화폐를 발행하는 것도 괜찮다. 카드나 종이에 금액을 적고 가정 안에서 활용할 수 있는 시스템을 만들자. 정기적으로 아이 통장에 실제 돈을 지급해 주는 방법도 있다.

부모가 아이의 최초 고용주가 된 것이다. 엄마가 하기 귀찮아 아이에게 떠맡긴다는 생각이 들지 않게 하라. 아이에게 일을 맡길 때는 할 일을 정확히 제시하자. 시간당 급여 형태로 지급해도 괜찮다. 업무별 금액을 정해도 좋다. 완벽하지 않아도 기다려주자. 안전 문제가 생길 수 있는 일은 주의사항을 잘 보이는 곳에 붙여놓자. 아이가 원할 때는 먼저 협상을 제안할 수 있다는 것도 말해두자. 아이의 선택과 참여도에 따라 자신의 용돈을 많이 모을 수 있다. 집안일을 하며 동시에 '재산 증식 능력'도 키울 수 있다. 부(富)를 키우는 능력도 함께 키운다.

3) 집안일로 '경영 능력'을 배울 수 있다

집안일로 '가정 살림 경영'을 배울 수 있다. 아이들에게 집안일은 '경영 능력'을 배울 좋은 기회다. 아이가 조금 더 자라면 가족 구성원 조직을 관리할 수 있다. 아이가 살림을 운영할 수 있다. 아이에게 '1일 살림 반장' 역할을 맡겨보라. 각자에게 맡긴 역할을 집중해서 배운다. 가정 살림 운영에도 능동적으로 참여한다. 참여자에서 책임자로 역할이 바뀐다. 아이가 주도적으로 집안일을 한다. 가정이라는 작은 그룹을 통해 '경영 능력'

을 터득한다. 나중에 사회에 나가 '팀'이라는 그룹, '부서'라는 그룹 심지어 '회사'라는 그룹의 경영도 잘 해낼 수 있다.

'앤서니 브라운(Anthony Browne)'의 『돼지책』은 재미와 교훈이 담긴 그림책이다. 멋진 집에 4명의 가족이 산다. 아빠, 엄마 그리고 두 아들이 함께 산다. 아빠와 두 아들은 집에서 아무것도 하지 않는다. 침대 정리, 청소, 설거지 등 집안일은 오로지 엄마 몫이다. 어느 날 집에 돌아온 가족들은 엄마가 없어진 것을 알게 된다. 직접 밥을 지어 먹는 데 시간이 너무 오래 걸린다. 설거지는 하지 않고 쌓아뒀다. 빨래도 하지 않아 집이 돼지우리가 되었다. 엄마는 언제쯤 돌아올까? 집안에 먹을 것이 모두 떨어져 음식 찌꺼기라도 먹을 태세다.

다행히 끔찍한 날의 끝이 왔다. 드디어 엄마가 돌아왔다. 엄마가 쌓여 있는 설거지를 시작했다. 두 아들은 자신들의 침대를 정리한다. 아빠는 다림질도 한다. 심지어 아빠와 두 아들이 엄마를 도와 요리를 했다. 요리가 이렇게 재미있을 줄이야! 엄마는 행복했다. 책의 앞부분에 눈에 띄는 문구가 있다. '멋진 집', '아주 중요한 회사' 그리고 '아주 중요한 학교' 말이다. 엄마가 없어지자 집안이 엉망진창이 되었다. 일상이 무너졌다. 엄마 없이 할 수 있는 것이 하나도 없었다. 아빠와 두 아들은 엄마의 빈자리를 통해 많은 것을 배웠다.

'멋진 집' 어디 한 곳 엄마의 손길이 닿지 않은 곳이 없었다. 엄마가 하는 집안일은 단순한 일 그 이상이었다. 엄마의 가정 '경영 능력'이 '멋진 집'과 '아주 중요한 회사'를 지탱하고 있었다. 엄마의 '경영 능력' 덕분에 '아주 중요한 학교' 생활도 가능했다. 지금 당장 아이에게 집안일을 훈련하라. 모든 조직의 '경영 능력'은 가정에서 시작된다. 집안일로 '경영 능력'을 배울 수 있다. 집안일을 잘하는 아이가 '아주 좋은 회사'를 '경영'할 것이다. '멋진' 집안일로 '경영 능력'을 배운 아이가 부자가 될 것이다. 큰 부(富)로 주위 사람들을 행복하게 할 것이다.

요즘 청소년들이 용돈은 원래 받아야 한다고 생각한다. 집안일은 엄마가 시켜서 하기 싫고 귀찮은 일로 여긴다. 부자 교육은 가정에서 시작된다. 가정 생활 교육이 중요하다. 아이를 부자로 키우고 싶은가? 집안일을 가르쳐라. 집안일로 '자기 계발 능력'을 배울 수 있다. 일찍 집안일을 시작한 아이들이 성공하는 삶을 살 가능성이 크다. 집안일로 '재산 증식 능력'을 배울 수 있다. 집안일은 아이의 전(全)인격을 키울 수 있다. '재산 증식 능력'이 부(富)를 늘리는 능력을 빛나게 할 것이다. 집안일로 '경영 능력'을 배울 수 있다. 모든 조직의 '경영'은 가정에서 시작된다. 집안일은 단순한 일 이상이다. 집안일을 훈련한 아이가 행복한 부자가 될 것이다.

내 아이 집안일 시작하기 Tip

1) 아이에게 '한 달 동안 거실 정리 반장'을 맡겨보자.(3Lv)

2) 아이와 '홈 알바(아르바이트) 용돈 지급표'를 만들어보자.(3Lv)

3) 아이와 '앤서니 브라운의 『돼지책』'을 함께 읽어보자.(1Lv)

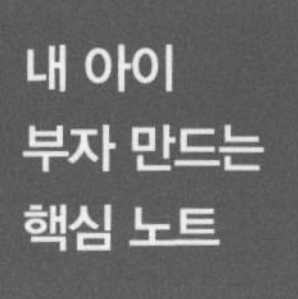

Part 4. 부자 아이는 가정교육부터 다르다

1 나이에 맞는 경제 지식을 갖게 하라

1) 나이에 맞는 경제 교육은 '최대한 빨리 시작하는 것'이다
2) 나이에 맞는 경제 교육은 '신체 발달에 따라 성장하는 것'이다
3) 나이에 맞는 경제 교육은 '재정적 독립과 자립에 도착하는 것'이다

2 예절 교육으로 인성 좋은 부자가 되게 하라

1) 인성 좋은 부자가 '감정에 선한 영향력'을 키운다
2) 인성 좋은 부자가 '경제에 선한 영향력'을 키운다
3) 인성 좋은 부자가 '사회에 선한 영향력'을 키운다

3 원칙이 분명한 용돈 교육을 하라

1) 용돈 교육의 원칙은 '책임성'이다
2) 용돈 교육의 원칙은 '지속성'이다
3) 용돈 교육의 원칙은 '일관성'이다

4 집안일로 경제를 가르쳐라

1) 집안일로 '자기 계발 능력'을 배울 수 있다
2) 집안일로 '재산 증식 능력'을 배울 수 있다
3) 집안일로 '경영 능력'을 배울 수 있다

아이의 경제 교육 시기에 대해 의견이 다양하다.
많은 경제 교육 전문가들이 경제 교육은 '빠를수록 좋다'고 조언한다.
경제 교육은 머리로 하는 학습이 아니기 때문이다. 경제 교육은 습관이다.

Part 5

부자 아이는 비전을 가지고 나아간다

1

삶의 목표를 먼저 세우게 하라

: '머니'가 '키라'에게 적게 한 10가지는?

'키라'는 '보도 섀퍼(Bodo schäffer)'의 작품 『12살에 부자가 된 키라』 속 주인공이다. '키라'는 다쳐서 집 앞에 누워 있던 개 한 마리와 운명적으로 만난다. 개 이름은 '머니'로 부르기로 한다. '머니'가 온 지 1년 후, '키라'는 '머니'가 말하는 개라는 걸 알았다. 말하는 개 '머니'는 '키라'에게 '왜 부자가 되고 싶은가?' 10가지 이유를 묻는다. '키라'는 3가지 이유만 골라 동그라미 친다. '키라'가 부자가 되고 싶은 이유가 명확해졌다. '키라'가 정확히 원하는 것을 알았으니 얻을 수 있게 '머니'를 따라 행동하기로 한다.

1) 돈을 가르치기 전, '인생 계획서'를 작성하도록 가르쳐야 한다

내 아이가 부자가 되고 싶어 하는가? 그렇지 않을 수 있다. 아이가 '키라'처럼 '돈이 인생에서 가장 중요한 것이 아니다.'라고 생각할 수 있다. '머니'의 조언에도 귀 기울여야 한다. 돈이 가장 중요한 것은 아니다. 돈은 인생에서 큰 힘이 될 수 있다. 누구도 부정할 수 없다. 부자들은 이 사실을 아는 사람들이다. 부자들은 돈 자체를 위해 살지 않는다. 돈 자체가 목적이 아니다. 자신의 인생에 돈의 힘을 더 효율적으로 활용하기 위해 노력하는 사람들이 부자들이다. 돈의 효율을 극대화하기 위해 '목표'를 분명히 한 사람들이 부자가 된다.

부자들은 구체적인 목표가 있다. 부자들은 '보고서'에 만족하지 않고 '계획서'를 쓴다. 한정된 자원만 가지고 '보고'하는 일에 안주하지 않는다. 좀 더 주도적으로 '계획서'를 쓴다. 더 많은 것을 필요로 한다. 더 구체적인 것을 요구한다. 마트에서 장을 보는 것을 비유로 들어보자. 하나는 1주일 식비로 10만 원을 정하고 장을 본다. 또 다른 방법은 1주일 식단을 짜고 재료의 예산을 짜는 것도 가능하다. 전자(前者)는 '보고서'를 쓰는 사람이다. 후자(後者)는 '계획서'를 쓰는 사람이다. 당신은 어떠한가? '보고서'를 작성하는가? '계획서'를 제출하는가?

아이를 부자로 만들려면 '계획서'를 준비해야 한다. 돈을 가르치기 전에 '인생 계획서'를 작성하도록 가르치자. 100세 시대를 기준으로 아이의 인생 로드맵을 작성하게 하라. 삶의 목표가 무엇인가? 목표를 구체화하자. 구체화하는 과정에서 '인생 계획서'가 필요하다. '키라'는 부자 꿈을 향해 바로 실행했다. '머니'가 제안한 방법은 '그림으로 생각하는 방법'이었다. 먼저 앨범을 구하고, 소원하는 그림을 붙인다. 매일 그림들을 들여다본다. 저금통마다 '소원 상자'라고 붙인다. 소원(그림)을 이루기 위한 돈을 계속 모은다.

아이와 '키라'를 따라 해보자. 우선 부자가 되고 싶은 이유를 10가지 적어보자. 3가지에 동그라미 치자. '인생 계획서'를 작성해보자. '키라'처럼 그림으로 생각해도 좋다. '인생 계획서'를 작성하는 일은 1000조각 퍼즐을 맞추는 것과 같다. 먼저 완성된 그림을 확인해야 한다. 어떤 작품이 완성될지 큰 그림을 머릿속에 기억해야 한다. 쏟아진 조각의 부분을 맞춰가며 완성한다. 아이 인생 전체를 큰 그림으로 보여주는 '인생 계획서'를 작성하자. 아이가 부자의 인생을 계획하게 하자. 삶의 목적이 돈 자체가 아니라 돈의 힘을 활용하는 것임을 기억하자.

2) 돈을 가르치기 전, '학업 계획서'를 작성하도록 가르쳐야 한다

아이와 작성할 계획서가 또 있다. '학업 계획서'를 작성해보자. '학업 계획서'는 다양하다. 학교, 학원, 새로운 직업, 자격증, 독서 등 배움을 위한 어떤 것도 가능하다. '학업 계획서'는 먼저 준비한 '인생 계획서'의 한 부분이다. 즉 넓은 퍼즐 판의 한 부분이다. 퍼즐을 다양하게 맞출 수 있다. 개인에 따라 순서도 다르다. 누군가는 위쪽부터 맞추고 또 다른 사람은 중앙부터 시작할 것이다. '학업 계획서'가 어디에 위치하는지 모두 다르다. 중요한 것은 '학업 계획서'가 '인생 계획서'를 이루는 조금 큰 덩어리의 조각이라는 사실이다.

아이와 '학업 계획서'를 작성해보자. '한국사 자격증 학업 계획서'를 작성할 수 있다. '컴퓨터 코딩 학업 계획서'도 가능하다. '태권도 학업 계획서'도 만들 수 있다. '영어 학업 계획서'도 세울 수 있다. 종이를 두고 아이와 마주 앉자. 어떤 '학업 계획서'를 작성할 것인지 정하자. 종이에 표를 그려보자. '제목'부터 크게 적자. '학습 목표'가 무엇인지 생각하자. 배우고자 하는 '이유'가 무엇인지 적어보자. 과정 중에 '학업 계획을 구체화'시켜보자. 학업 이후 '성과 및 진로, 수익 창출 가능성'도 기록하자.

태권도를 예로 들어보자. 함께 '학업 계획서'를 작성을 시작하자. 제목은 '00이의 태권도 학업 계획서'라고 쓴다. 학습 목표는 '태권도로 몸을 건강하게 한다. 삶에 중요한 방어 기술을 익힌다. 집중력을 높이고 생각하는 힘을 키운다.'라고 적는다. 학업 이유는 '체력이 약해서 키우고 싶다. 위험한 상황도 스스로 해결하고 싶다. 집중력을 높이고 싶다.'라고 쓴다. 학업 계획은 '3년 안에 빨간띠(2급)까지 마친다.'라고 적는다. 학업 성과 및 장래성은 '태권도로 건강해진다. 유연성과 민첩성이 커진다. 집중력이 높아져 학업 성적이 좋아진다.'라고 쓴다.

'학업 계획서'의 과정과 단계를 구체화할 수 있다. 아이와 1년, 학기별, 분기별, 월별, 주별, 일별로 세분화해보자. 영어나 코딩, 학교 공부도 같다. 다양한 형태의 '학업 계획서'를 작성해보자. 소요 시간과 비용도 계산해보자. 시간을 줄이거나 비용을 줄이는 방법을 아이와 함께 찾아봐도 좋다. '학업 계획서'를 작성해보면서 미래를 그려볼 수 있다. 아이의 재능을 쉽게 찾을 수 있다. 아이 스스로 주체적인 삶을 계획할 수 있다. 아이의 부자 '인생 계획서'를 빨리 이룰 수 있는 '학업 계획서'를 작성해보자. 아이가 시간과 돈을 잘 다루는 부자가 될 것이다.

3) 돈을 가르치기 전, '사업 계획서'를 작성하도록 가르쳐야 한다

아이에게 '사업 계획서'를 작성하도록 가르치자. 가상의 '사업 계획서'도 괜찮다. '학업 계획서'를 응용할 수도 있다. 아이에게 미래를 앞당겨 훈련시키자. 초등학생이 실제로 할 수 있는 사업을 찾아보자. '사업 계획서'를 작성하고 당장 실행하는 것도 좋다. 돈을 벌기 위해 무엇을 할 수 있는지 아이가 배울 기회로 삼자. 유튜브 '쭈니맨'을 운영하는 '권준' 학생처럼 인터넷 스마트스토어(smartstore)에서 '흙돼지'를 판매할 수 있다.

'자동판매기' 사업도 시작할 수 있다. 사업을 하는 지인의 가게 한 귀퉁이에서 'DIY 리본 머리핀'도 팔 수 있다.

특허나 발명과 같은 아이디어로 '지식 사업'도 가능하다. 유튜브 영상 콘텐츠도 수익화가 가능하다. 블로그에 글을 쓰는 것도 시작할 수 있다. 아이가 돈에 수동적인 사람이 되지 않게 하라. 직장에서 받는 급여만으로는 부자가 될 수 없다는 사실을 일찍 가르쳐라. 승진하고 연봉을 협상하는 것만으로는 한계가 있음을 가르쳐라. 아이의 가치를 돈으로 바꾸는 방법을 훈련하라. 아이의 잠재력이 돈이 될 수 있다는 것을 깨닫게 하라. 아이의 생각과 재능을 사업으로 확장시키는 방법을 훈련하라.

큰 부자들처럼 부(富)를 극대화하게 하라. 돈 자체가 목적이 아니라는 것을 가르쳐라. 아이가 돈을 효율적으로 활용하기 위한 '목표'를 분명히 하게 하라. 아이의 능력을 사업으로 변화시키기 위한 첫 단추는 '사업 계획서'를 작성하는 것이다. 사업 실행 여부는 중요하지 않다. '사업 계획서'를 작성하는 이유를 아는 것이 더 중요하다. 아이가 누군가에게 자기를 소개할 때 '자기소개서'를 작성한다. 아이의 재능을 사회에 소개하는 데 필요한 것이 '사업 계획서'다. 아이의 가능성을 사업화하기 위해 필요한 것이 '사업 계획서'다.

아이가 주요 사업의 내용을 적게 하라. 사업 포트폴리오도 작성하게 하라. 주요 사업 구성도를 포함시켜라. 아이와 관련 사업의 시장 현황을 분석하라. 매출 실적과 계획도 계산해보라. 사업 추진 전략을 구체화하라. '사업 계획서'는 사업에 필요한 돈을 모으는 것이다. 사업의 가치를 돈으로 바꾸는 것이다. 프로젝트에 응모할 수 있다. 은행에서 돈을 빌릴 수 있다. 누군가로부터 지원을 받을 수 있다. 투자자들을 모아 투자를 받을 수 있다. 아이가 '사업 계획서'로 부자 '사업가'를 꿈꾸게 하라. 돈을 끌어오는 '사업 계획서'가 부(富)로 가는 지름길이다.

말하는 강아지 '머니'가 '키라'에게 부자가 되고 싶은 이유를 10가지 물었다. '키라'는 3가지만 남기고 '그림으로 생각하는 법'을 실행했다. 돈을 가르치기 전, '인생 계획서'를 작성하도록 가르쳐야 한다. 아이가 부자 '인생 계획서'를 준비하게 하자. 완성된 그림을 보여주고 퍼즐 조각을 맞춰보자. 돈을 가르치기 전, '학업 계획서'를 작성하도록 가르쳐야 한다. 아이의 부자 '인생 계획서'를 더 빨리 이룰 수 있다. 아이가 시간과 돈을 잘 다룰 줄 아는 부자가 될 것이다. 돈을 가르치기 전, '사업 계획서'를 작성하도록 가르쳐야 한다. '사업 계획서'는 사업에 필요한 돈을 모으는 것이다. 돈을 끌어오는 '사업 계획서'가 아이를 부자로 만들 것이다.

내 아이 삶의 목표 세우기 Tip

1) 아이와 '100세 인생 계획서'를 작성해보자.(4Lv)

2) 아이가 '초등(또는 과목별, 취미별) 학업 계획서'를 작성해보자.(4Lv)

3) 아이와 '핸드크림 자동판매기 사업 계획서'를 작성해보자.(5Lv)

2

기록을 습관이 되게 하라

: '여에스더' 대표의 20년 넘은 가계부!

'여에스더' 박사는 연 매출 1,000억 CEO다. '여 박사'는 어려서부터 저금통에 돈을 잘 모았다. 대학생이 되어서도 받은 용돈을 저축하는 검소한 습관을 지속했다. 결혼 이후 신혼 시절부터 꼼꼼하게 가계부를 썼다. 결혼 초기부터 기록한 종이 가계부만 12권이다. 이후에는 컴퓨터 파일로 작업했다. 남편과 소비 습관이 달라 속상한 적도 있었다. '여 박사'는 가계부를 쓰는 습관으로 돈의 흐름을 터득할 수 있었다. 빚 없이 회사를 운영, 성장시킨 것도 가계부 기록 덕분이다. '여 박사'는 "부자가 되려면 저축하고 성실하게 가계부를 쓰라"고 조언한다.

1) 아이에게 '감사 기록'을 훈련하라

사람의 기억은 유한하다. 왜곡되기 쉽다. 기록은 기억의 한계를 보완할 수 있다. 명지대학교 '김익한' 교수는 기록학자다. 기록의 중요성과 습관을 강의한다. '김 교수'가 정의하는 기록은 '생각을 원천(原泉)으로 하는 명시(明示)화 행위'이다. 다시 말해 생각한 것을 분명하게 눈앞에 그리는 작업이다. '김 교수'는 기록의 효율을 높이기 위해 '1분 기록하기'를 제안한다. 책이나 영상, 심지어 지인과 대화에서도 활용할 수 있다. 잠깐 멈추고 기억나는 키워드(Key word)를 세 개만 남기면 된다.

누구나 쉽게 실천할 수 있는 일상 속 '기록'이다. 기록은 생각하게 한다. 뇌에 각인시킨다. 과거를 기억하는 삶을 살 수 있다. 단 1분의 기록만으로도 나를 성장시킬 수 있다. 누구나 하루 1분은 낼 수 있다. 더 이상 기록이 어렵다고 핑계 댈 수 없다. '김 교수'는 '1분 기록'을 3개월 반복하면 "논리력과 통찰력이 커지고 새로운 아이디어가 생긴다"고 말한다. '기록 습관'을 가진 성공한 부자들이 많다. 기록은 실수를 줄여준다. 분명하고 정확한 사람을 만든다. 나는 어떠한가? 꾸준한 기록 습관이 있는가? 아이와 함께 기록을 훈련하자.

그렇다면 무엇을 '기록'할까? '감사 기록'을 시작하자. '감사'는 사람을 긍정적으로 만든다. 주위에 좋은 사람들이 모인다. 좋은 일들이 일어난다. 자신감이 생기고 일이 더 잘 풀린다. 성공한다. 더 많은 일에 도전한다. 더 큰 성공을 거둔다. 성장한다. 부의 기회를 잡는다. 지속적으로 감사한다. 선순환이 일어난다. 내가 하루에 3개씩 '감사를 기록'하면, 한 달 후 90개의 '감사'가 정리된다. 1년 후 1,000개가 넘는 '감사 기록'이 쌓인다. 기록한 감사 중 10%를 성공했다면 100개가 넘는 성공 경험이 쌓인다.

억지로 감사를 떠올려야 해서 너무 어렵다고 하는 사람도 있다. '감사 기록'은 어렵지 않다. 가지고 있는 물건 목록부터 작성하자. 목록 옆에 '~이 있어서 감사합니다.'라고 붙여보자. 이유를 붙이면 더 명확해진다. '나를 비출 수 있는 거울이 있어서 감사합니다.' 눈에 보이는 물건, 작은 것부터 시작해보자. 내 책상, 내 방, 우리 집으로 영역을 확장시켜보자. 보이지 않는 것들에 표현해도 좋다. 사람에게 감사해도 괜찮다. 아이와 '감사 기록'을 함께 시작해보자. 쉽게 시작한 '감사 기록'이 나와 아이 인생의 역사적 전환점을 만들 것이다.

2) 아이에게 '용돈 기록'을 훈련하라

재테크를 하기로 결심했는가? 가장 먼저 해야 할 것이 있다. 나의 경제 규모를 파악하는 것이다. 현재 내 자산은 얼마인지, 갚아야 할 부채는 얼마나 되는지 파악한다. 고정적인 수입과 지출을 확인한다. 현재 상황을 파악하는 것이 최우선이다. 재정적 상황 확인을 위해 반드시 '기록'해야 한다. '김 교수'의 말처럼 기록해야 눈앞에 그릴 수 있다. 정확한 경제 규모를 확인하자. 단 한 번으로 끝나지 않을 수 있다. 정기적으로 기록하며 상황의 변화를 확인한다. 꼭 가계부의 형태로 기록하지 않아도 괜찮다. 꾸준히 기록하는 습관을 만들자.

규모 있는 가정 살림을 꾸려가는 사람들은 대부분 가계부를 쓴다. 성공한 경제 전문가들도 가계부 기록을 강조한다. 『내 집 마련 가계부』의 '김유라' 작가도 이 중 한 사람이다. '김 작가'는 절약을 결심하고 인터넷 '짠돌이' 카페에 가입했다. 매일 절약한 내용을 카페에 기록으로 남겼다. 절약 자랑을 카페 멤버들과 공유했다. 덕분에 돈을 모을 수 있었다. '김 작가'는 어렵지 않게 '가계부를 쓰는 방법'도 알려준다. 매일 쓰는 것이 어렵다면 월말 결산만 정확히 해도 절약이 가능하다. '가계부 쓰기' 만으로도 불필요한 지출을 막을 수 있다.

아이는 자연스럽게 부모를 따라 한다. 부모가 '가계부를 기록'하면 아이도 똑같이 해본다. '용돈을 기록'하는 것을 어려워하지 않는다. 세 살 버릇 여든까지 간다. 아이의 '용돈 기록'을 습관이 되도록 훈련하라. 중요한 것은 기록의 목적에서 벗어나지 않는 것이다. 가계부나 '용돈(기입장) 기록'은 나의 경제 현황을 한눈에 볼 수 있게 한다. 돈을 관리하는 능력을 키울 수 있다. 돈에 휘둘리지 않는 삶을 살 수 있다. 아이도 마찬가지다. 기록 자체가 목적이 되게 해서는 안 된다. 개선 없는 기록은 낙서에 불과하다는 사실을 잊지 말자.

아이와 '용돈 기록'을 통계 내서 정기적으로 확인하라. 아이에게 피드백하라. 더 절약할 방법이 있는지 아이와 의논하라. 부모가 일방적으로 지시하지 말라. 아이를 기다리라. 아이가 스스로 절제할 수 있다. 절약하는 노력도 할 것이다. 아이가 직접 단기, 중기, 장기 목적 자금 계획도 세울 수 있도록 기회를 주라. 돈을 아끼고 모아본 경험이 큰 성취감을 느끼게 한다. 더 큰 돈을 모을 수 있다는 자신감도 키워준다. 반복과 성장을 통해 아이가 부(富)를 경험한다. 더 큰 부(富)를 늘려간다. 아이에게 '용돈 기록'을 가르쳐야 하는 궁극적인 이유다.

3) 아이에게 '드림(Dream, 꿈) 기록'을 훈련하라

'김 작가'는 '꿈(dream)'을 이루고 싶으면 '꿈(드림) 계좌'를 따로 만들라고 조언한다. 우선 '꿈을 기록'하자. 여행 꿈, 어학연수 꿈에 얼마가 필요한지 계산하자. 예산과 전략을 세우자. 200만 원을 1년에 모을 예정이다. 계좌를 개설해 정기적으로 모으자. 한 달에 17만 원씩 예금하면 가능하다. 목적 자금이 다 모이면 꿈을 실행한다. 1년 모은 200만 원으로 여행을 갈 수 있다. 어학연수도 가능하다. 꿈을 위해 이미 모아둔 목돈을 사용하면 안 된다. 모은 돈을 쉽게 쓰는 습관은 고치기 힘들다. '꿈 기록'으로 꿈 계좌를 만들면 꿈이 이뤄진다.

한때 '버킷(bucket) 리스트'가 유행했다. '죽기 전에 꼭 해보고 싶은 일들을 적은 목록'이다. 죽기 전이라고 거창하고 무거운 것만 실행하지 않았다. 1년 단위, 1개월 단위, 1주일 단위로 잘게 쪼개서 작성하기도 했다. 바로 할 수 있는 것부터 실행한 사람들도 있다. '버킷 리스트' 덕분에 사람들이 새로운 꿈에 과감하게 도전했다. 마음의 기대와 긴장감을 유지하는 데 도움이 됐다. 성취한 자신에게 선물을 하기도 했다. '버킷 리스트'는 개인적인 것에 그치지 않았다. 릴레이 형태로 사회적 선행(善行)의 새로운 발자취를 남기기도 했다.

아이와 '드림(dream, 꿈) 기록'을 시작해보자. 큰 꿈은 물론, 작은 꿈이어도 괜찮다. 당장 이룰 수 없는 꿈이어도 상관없다. 소망하고 기대하는 '드림 기록'을 습관화해보자. '부자 확언'과 같이 기록한 것을 거울에 붙이고 날마다 읽어도 좋다. 기록한 것의 이미지를 그려보자. 기록을 읽으며 꿈을 뇌에 각인시키자. 꿈이 아니어도 좋다. 떠오르는 '아이디어'도 괜찮다. 아직 구체화되지 않은 '단어 몇 개'라도 기록하는 습관을 훈련하자. 정말 간절한 '꿈을 100번 적는 것'도 좋다. 주의하자. '꿈을 꾸기 위한 꿈'으로 끝나서는 안 된다.

『돈의 속성』의 작가 '김승호' 회장의 작은 수첩에는 아직 진행 중인 꿈들이 꿈틀거린다. 『역행자』의 작가 '자청' 대표의 '아이디어 기록'들이 새로운 사업가를 기다리고 있다. 아이를 부자로 키우고 싶은가? '기록'을 습관화하게 하자. '기록'하지 않은 것은 이루기 힘들다. 아이가 매일 '꿈을 꾸고 기록'하게 하자. '성장하는 꿈'을 꾸고, '성공하는 꿈'을 적는 훈련을 하자. 부(富)를 끌어당기는 '꿈을 기록'하게 훈련하라. 기록이 기적을 경험하게 할 것이다. 오늘 '기록한 부자의 꿈'이 내일 '부자의 기적'을 낳을 것이다.

'여에스더 포뮬러' 대표이사 '여 박사'는 20년이 넘게 가계부를 써왔다. 가계부 기록 습관이 돈의 흐름을 읽는 힘을 키웠다. 빚 없이 연 매출 1,000억 원 매출 회사를 이끌고 있다. 아이가 성공한 부자가 되길 원하는가? 아이에게 '감사 기록'을 훈련하라. 사소한 것을 '감사하며 기록'하는 습관이 인생을 성공으로 이끈다. 아이에게 '용돈 기록'을 훈련하라. '용돈 기록'으로 절제와 절약을 가르쳐라. 부(富)의 시작은 정확한 '용돈 기록'이다. 아이에게 '드림(꿈) 기록'을 훈련하라. 내 아이가 큰 부(富)를 이룬 기적의 주인공으로 기록에 남는 꿈을 꾸자.

내 아이 기록 습관 Tip

1) 온 가족이 '하루 3가지 감사 기록'을 시작하고, 매달 'Best 감사 day'를 열어보자.(3Lv)
2) 아이와 '나만의 용돈 기록 습관 노하우'를 나눠보자.(4Lv)
3) 아이와 '온 가족 꿈 기록 노트'를 만들고, '(이룬) 꿈 자랑 데이(day)'를 계획해보자.(3Lv)

3

회복 탄력성을 키워라

: '조서환' 대표는 팔이 없으면 입으로 산다!

자수성가로 100억 매출과 100억 자산의 신화를 이룬 40대 사업가가 있다. 『이렇게만 하면 장사는 저절로 됩니다』의 저자 '강호동' 대표의 이야기다. '강 대표'는 한 번 피가 나면 멈추지 않는 '혈우병'을 앓고 있다. '가난을 대물림하고 싶지 않다'는 생각으로 집을 나와 돈을 벌기 시작했다. '삶이 부끄럽지 않고 자신만의 스토리를 튼튼하게 하면 성공할 수 있다'는 것을 보여주고 싶었다. 건강도 가난도 '강 대표'에게 문제 되지 않았다. 유튜브 '창업 오빠'를 통해 그동안 쌓은 경험과 노하우를 공유하고 있다.

1) '실수를 마주하면' 회복 탄력성을 키울 수 있다

아이들과 탱탱볼 놀이를 해보았는가? 공의 탄성이 적당해야 공놀이가 재미있다. 바람이 빠진 공은 바닥에 떨어져 올라오지 않는다. '회복 탄력성'도 공의 탄성과 같다. 회복 탄력성은 어려운 상황을 극복하고 원래 모습을 되찾는 힘이다. 탱탱볼을 바닥에 던졌을 때 바닥을 치고 위로 올라오는 힘이다. 회복 탄력성이 너무 낮으면 쉽게 지친다. 우울하다. 무기력하다. 부정적이다. 불안하다. 바람 빠진 공으로 공놀이를 할 수 없다. 낮아진 회복 탄력성으로 성공할 수 없다. 심한 경우 평범한 일상을 유지하는 것도 불가능하다.

회복 탄력성은 마음의 근력과 같다. 회복 탄력성을 더 키워야 한다. 회복 탄력성이 높은 사람은 실패하지 않은 사람이 아니다. 어려움을 직면하고 극복한 사람이다. 고난에 넘어져 다시 일어난 사람이다. 나는 회복 탄력성이 높은 사람인가? 아이의 회복 탄력성은 어떤가? '실수를 마주하면' 회복 탄력성을 키울 수 있다. 사람은 살면서 누구나 '실수'한다. '실수'보다 중요한 것은 '실수' 이후의 태도다. '실수'를 대하는 태도가 성장시킨다. 잦은 '실수'를 꾸짖지 말라. '실수'를 반복한다고 나무라선 안 된다. '실수를 마주해야' 회복 탄력성이 커진다.

컵에 든 우유를 엎질러본 아이는 컵을 조심히 다룬다. 돌부리에 걸려 넘어진 아이는 발밑을 관찰하며 걷는다. 비를 맞고 감기에 걸린 아이는 비가 오면 우산을 쓴다. 종이를 자르다 다친 아이는 가위질에 집중한다. 직접 겪은 '실수' 덕분에 생활의 지혜를 배운다. 크고 작은 '실수'라는 경험이 아이를 성장시킨다. '실수를 마주하는' 아이가 회복 탄력성이 높다. 아이의 '실수'를 부끄럽게 만들지 말라. '실수'를 숨기는 아이는 부자가 될 수 없다. 아이가 '실수'를 '실패'라고 생각하지 않게 훈련하라. 아이가 '실수'를 인정하고 마주하게 하라.

세계의 큰 부자 중 한 사람인 '워런 버핏(Warren Buffett)'도 '실수'를 통해 부(富)를 이뤘다. '워런 버핏'이 항상 성공적인 투자만 한 것은 아니다. 감정을 다스리지 못해 임원을 해고했다가 큰 손해를 봤다. 투자한 기업이 파산해서 손해를 본 적도 있다. '구글'이나 '아마존' 같은 회사에 투자하지 않은 것도 실수라고 회상한다. '워런 버핏'은 실수했다고 '투자'를 멈추지 않았다. '실수를 마주하며' 회복 탄력성을 키웠다. 아이가 '실수를 마주하게' 훈련하라. '실수를 마주하면' 회복 탄력성을 키울 수 있다. 회복 탄력성이 큰 사람이 큰 부자가 된다.

2) '약점을 마주하면' 회복 탄력성을 키울 수 있다

'살아 있는 마케팅의 전설'이라 불리는 사람을 아는가? 『근성: 같은 운명, 다른 태도』의 저자 '조서환' 대표다. '조 대표'는 '생각의 태도'를 책뿐만 아니라 삶으로 보여줬다. 소위(少尉) 임관 후 수류탄 폭발 사고로 오른쪽 손을 잃었다. 충격으로 인한 고통이 너무 컸다. 살아 있는 것마저 원망스러웠다. 소망 없는 '조 대표'의 손을 잡아준 것은 여자친구였다. 늘 희망과 용기를 주고 곧 '조 대표'와 결혼한다. '조 대표'는 삶의 의미를 찾았다. 아내를 행복하게 해주기로 마음먹었다. 이후 '조 대표'는 손 없이 사는 방법을 찾는다.

'조 대표'는 상황을 탓하거나 핑계 대지 않았다. 아내의 도움을 받아서라도 마음먹은 일은 해냈다. '약점' 때문에 차별을 당하는 상황에서도 굴하지 않았다. '조 대표'는 "인생에서 어떤 것도 포기할 이유가 없다"고 말한다. 20대의 청년이 갑작스런 사고로 팔을 잃었을 때 충격이 얼마나 컸을까? '조 대표'는 '약점'을 인정했다. '약점'을 받아들였다. 더 이상 '약점'으로 인한 차별을 인정하지 않았다. '약점'을 마주하자 마음의 근력이 생기기 시작했다. '약점'을 마주하자 회복 탄력성이 커졌다. 아이에게 '약점'이 있는가? '약점'을 마주하게 가르치자.

'조 대표'는 "목표를 뚜렷하게 하라"고 조언한다. 아주 작은 꿈이라도 분명히 세우라. 꿈을 위해 포기하지 말자. 작은 것에 흔들리지 말자. 작은 꿈을 실현하면 다음 목표가 커질 수 있다. 목표를 이룬 사람은 당당하다. 자신감이 넘친다. 쉽게 넘어지지 않는다. 기회를 최대한 활용한다.

큰 부(富)의 기회도 내 것으로 만든다. '약점'을 마주할 때 시작되는 기적이다. '약점'이 아이를 성장시키는 힘이 될 수 있다. '약점'을 강점으로 발전시킬 수 있다. 중요한 것은 회복 탄력성을 키우는 것이다.

성공한 부자들은 '약점'을 기회로 만든다. 역경을 이겨낸다. 실패를 통해 성장한다. 마음이 단단하다. 역경을 극복한 사람들이 세상을 바꾼다. 회복 탄력성이 큰 사람이 사람을 살린다. 기억하라. 독일의 음악가 '루트비히 판 베토벤(Ludwig van Beethoven)'를 기억하자. 잦은 복통과 청각장애, 시각 장애도 '베토벤'을 막지 못했다. 미국의 방송인이자 배우인 '오프라 윈프리(Oprah Gail Winfrey)'는 역경을 극복했다. 미국에서 300억 이상의 자산가들을 관리하는 '신순규' 애널리스트에게 시각 장애는 문제되지 않았다.

3) '실패를 마주하면' 회복 탄력성을 키울 수 있다

〈서민 갑부〉에 소개된 건강한 빵을 아는가? '수제 치아바타(ciabatta)'로 24억의 연 매출을 내는 '유동부' 대표의 이야기다. 아픈 사람도 마음껏 먹을 수 있는 '유기농 치아바타'가 큰 매출을 올리고 있다. 군대(軍隊) 제대(除隊)를 앞둔 아들이 갑자기 흉선암 판정을 받았다. 첨가물이 든 빵에 민감해진 아들이 먹어도 아프지 않은 빵을 연구했다. '유 대표'는 포기하지 않았다. 7번의 사업 '실패'가 오히려 회복 탄력성을 키웠다. 건강을 되찾은 '유 대표'의 아들도 건강한 빵 만들기를 함께 한다.

누구나 크고 작은 '실패'를 한다. '실패'를 원하는 사람은 없다. 성공한 부자들은 '실패' 앞에서 무너지지 않는다. 좌절하지 않는다. 심지어 한 살이라도 어릴 때 '실패'를 많이 경험하라고 한다. '실패'를 대하는 태도가 관건이다. '실패'를 '실패'로만 끝내서는 안 된다. '실패'를 인정해야 한다. '실패'를 직면해야 한다. '실패를 마주하면' 회복 탄력성을 키울 수 있다. '실패'를 마주하면 원인을 찾을 수 있다. '실패' 원인을 하나씩 제거하면 성공의 길이 보인다. '실패'는 성공을 향해 가는 지름길이다.

'한탄 바이러스'를 연구한 '이호왕' 박사를 아는가? '이 박사'는 미국 유학 시절부터 교수가 돼서도 뇌염 바이러스를 연구했다. 일본에서 먼저 뇌염 백신을 개발한다. '이 박사'의 연구가 물거품이 되었다. '이 박사'는 슬펐지만 좌절하지 않았다. 새로 '유행성출혈열'을 연구하기 시작한다. 큰 어려움 중에도 '한탄 바이러스'를 발견하는 데 성공한다. '한타박스'라는 국내 기술로 만든 1호 백신 개발에 성공한다. '실패'를 받아들이고 연구를 계속한 '이 박사'는 성공했다. '이 박사'의 성공은 수많은 사람들을 살렸다. 노벨생리의학상 후보에 오르기도 했다.

'실패'가 두려워 아무것도 하지 않으면 아무 일도 일어나지 않는다. 무엇이든 도전한 덕분에 '실패'도 한 것 아닌가? 아직 세상이 끝나지 않았다. 다시 도전할 수 있다. 방향과 방법을 바꿔 새로 도전하면 된다. 성공한 부자들은 '실패를 마주한' 사람들이다. '실패'를 통해 회복 탄력성을 키운 사람들이 부자가 된다. '실패를 마주하며' 회복 탄력성을 키운 사람이 성공한다. 회복 탄력성은 용수철과 같다. '실패를 마주하면' 회복 탄력성을 키울 수 있다. 아이가 '실패'를 마주하게 하라. 성공한 부자들처럼 회복 탄력성을 키워라.

'라라브래드'의 '강호동' 대표는 자수성가한 사업가다. '혈우병'을 앓는 중에도 가난을 극복했다. 도움이 필요한 사람들에게 '유튜브'를 통해 많은 노하우를 나누고 있다. 회복 탄력성은 바닥에 떨어진 공이 다시 튀어 오르는 것과 같다. 좌절과 시련을 극복할 수 있는 힘이다. 부자들은 회복 탄력성이 큰 사람들이다. '실수를 마주하면' 회복 탄력성을 키울 수 있다. 투자의 귀재인 '워런 버핏'도 '실수'를 통해 큰 부(富)를 이뤘다. '약점을 마주하면' 회복 탄력성을 키울 수 있다. 잃어버린 오른손은 '조서환' 대표의 성공에 문제가 되지 않았다. '실패를 마주하면' 회복 탄력성을 키울 수 있다. '유동부' 대표의 '건강한 빵'과 '이호왕' 박사의 '한타박스'는 '실패'를 마주하고 얻은 열매다. 아이의 회복 탄력성을 훈련해 부자로 키우자.

내 아이 회복 탄력성 키우기 Tip

1) 아이와 '하루 동안 어떤 실수를 했는지, 무엇을 배웠는지'를 이야기해보자.(3Lv)

2) 아이와 '헬렌 켈러 인물전(위인전)'을 읽어보자.(2Lv)

3) 아이와 '개구리 왕눈이(만화주제곡)'를 불러보자.(1Lv)

4

경쟁에서 이기는 법을 가르쳐라

: 호랑 애벌레 기둥의 끝은 어디?

『꽃들에게 희망을』은 '트리나 폴러스(Trina Paulus)'의 동화다. 아주 작은 호랑 애벌레 한 마리가 나뭇잎을 먹으며 자란다. 지루해진 일상을 벗어나 새로운 것을 찾아 나선다. 길에서 바쁘게 움직이는 애벌레 떼를 만난다. 끝을 알 수 없는 높은 애벌레 기둥을 만들어 오르고 있었다. 호랑 애벌레도 애벌레 더미를 밟고 경쟁하며 꼭대기를 향해 올라간다. 어느 날 애벌레 기둥 주위에 노랑나비 한 마리가 날아다녔다. 참 근사했다. 호랑 애벌레는 기둥에서 내려온다. 고치를 만들고 나비가 되어 마침내 높이 날아오른다.

1) '나'를 넘어서는 습관을 가르쳐야 한다

언제부터인지 '세대'를 지칭하는 단어들이 유행했다. 산업화 이후에 등장한 '베이비붐 세대(1955년~1963년)'를 시작으로 'MZ 세대(1980년대 초~2000년대 초)'까지 등장했다. 출생 연도에 따라 세대를 구분한 것이다. 세대 간에 경험한 사회적 상황이 다르다. 경제관의 차이도 크다. 시대적 배경이 반영되었다. 세대별 성향과 기질에 차이가 있다. 다방면으로 세대 차이를 이해하려는 노력을 시도했다. 한국은 단기간에 급격한 경제적 성장을 이룬 국가다. 'X세대(1970년~1980년)' 이후 세대들은 경제적 풍요 속에 자란 세대다.

'베이비붐 세대'는 시대적 과도기와 경제적 격변기를 겪었다. 부모 세대와 자녀 세대 간의 갈등도 크다. 고생을 많이 한 세대다. 상황이 그렇다 보니 자녀들을 위한 노력이 과했다. 좋은 것, 최고의 환경을 제공하고 싶었다. 부모의 마음은 자녀를 '과잉보호'하는 형태로 표현됐다. 자녀 세대들은 부모가 이룬 경제적 풍요를 누린다. 현실에 만족하는 경향이 강하다. 남의 눈치를 보지 않는다. 자유롭게 자기 생각을 표현한다. 개인중심적이다. 물론 개인차는 있다. 전반적인 세대별 공통점이다.

시대별, 세대별 차이가 어떻든 빈부(貧富)의 차이는 계속됐다. 오히려 강화됐다. 경제적 차이가 계층의 차이처럼 비친다. 안타까운 현실이다.

마치 출발 지점이 다른 곳에서 달리기 경기하는 것과 같다. 경쟁이 불가피하다. 당당하게 경쟁해야 한다. 아이에게 경쟁에 도전하게 하자. 경쟁에서 이기는 습관을 키우자. 누구를 딛고 일어서는 경쟁을 말하는 것이 아니다. 경쟁자를 초월하는 습관이 필요하다. 경쟁자를 넘어서야 한다. 누구보다 '나'를 넘어서야 한다. 호랑 애벌레는 더 이상 기어오르지 않았다. 자기 날개로 스스로 날아올랐다.

아이에게 '나'를 넘어서는 습관을 키우자. 어제의 '나'를 넘어서게 하자. 잊지 말자. 어제의 '나'가 오늘의 '나'를 만들었다. 게으른 '나'를 넘어서야 한다. 아침에 일어나기도 힘든 '나'를 넘어서지 못하면 무슨 일을 할 수 있을까? 성장한 '나'라도 만족하면 안 된다. 성장이 항상 성공을 보장하지 않는다. 1년에 5센티 키가 자랐다고 성장이 끝난 것은 아니지 않는가? 성공한 부자들은 '나'를 넘어서는 습관의 사람들이다. 나부터 '나'를 넘어서는 훈련을 하자. 내 아이에게 '자신'을 넘어서는 습관을 가르치자. 큰 부(富) 앞에서 '내'가 장애물이어선 안 된다.

2) '다른 사람'을 넘어서는 습관을 가르쳐야 한다

"사촌이 땅을 사면 배가 아프다."라는 속담이 있다. '다른 사람이 잘되면 시기하고 질투하는 마음이 든다'는 못된 성품을 비꼬는 말이다. 경쟁이 일상이 된 현실을 풍자한다. 얼마나 경쟁이 치열하면 '사촌'마저 경쟁자가 되었을까? '엄친아(엄마 친구 아들)'라는 말을 기억하는가? '엄친아'는 완벽한 존재다. 외모, 성격, 집안, 머리 어느 것 하나 빠지지 않는다. '엄친아' 또한 경쟁을 부추기는 말이다. '엄마 친구 아들 00는 수학 경시대회에서 1등 했다더라.'하고 부모들이 자식을 나무랄 때 사용하는 말이다.

학업에 대한 부모의 결핍과 한(恨)이 아이를 과도하게 경쟁시킨다. 고스란히 아이에게 영향을 끼친다. 경쟁에 대한 부모의 생각을 아이에게 심어준다. '경쟁자'는 쓰러뜨리고, 딛고 일어서야 하는 적(敵)이나 원수 같은 느낌이다. 아이를 부자로 키우고 싶은가? 아이가 '다른 사람'과 경쟁해야 한다. 무조건 이기는 습관 대신 넘어서는 습관을 키우자. '다른 사람'을 넘어서는 습관이 아이를 부자로 만든다. 부자들은 남을 짓밟고 일어선 사람들이 아니다. '다른 사람'을 넘어선 사람들이 부자가 됐다.

'우분투(UBUNTU)'는 아프리카 반투족의 말이다. '우리가 있기에 나도 있다'는 뜻이다. 한 인류학자가 아프리카 부족 아이들에게 게임을 시켰다. 먼저 오는 사람이 음식을 먹는 게임이었다. '시작'을 알리는 소리에 아이들은 다 같이 손을 잡고 가서 함께 음식을 나눠 먹었다. "우분투! 친구들은 모두 슬픈데 어떻게 나만 행복해질 수 있어요?"라고 아이가 말했다. 내 아이가 '우분투'를 실천하게 하자. '다른 사람'을 제치고 음식을 독

차지하게 해서는 안 된다. '다른 사람'과 다 같이 손잡고 음식을 함께 먹는 아이가 부자가 될 수 있다.

아이에게 '다른 사람'을 넘어서는 습관을 가르치자. 꼭 유명한 사람일 필요는 없다. 넘어서고 싶은 사람을 정해보자. 아이가 '모델'로 삼은 사람을 넘어서도록 가르치자. 원어민과 자연스럽게 대화하는 영어 선생님을 넘어서는 아이로 훈련하자. '도전을 주는 사람'을 넘어서도록 훈련하자. 유연하고 자세가 바른 무용 선생님을 넘어서도록 독려하자. '도움이 되는 사람'을 넘어서는 사람으로 키우자. 화재로 집을 잃은 이웃에게 기부한 OO을 넘어서는 아이로 훈련하자. '다른 사람'을 넘어서는 습관을 훈련한 내 아이가 부자가 될 것이다.

3) '시스템'을 넘어서는 습관을 가르쳐야 한다

부(富)는 다른 사람과의 경쟁에서 이겨 이룰 수 없다. 부(富)의 관문을 통과해야 부자가 될 수 있다. 부자들은 부(富)의 '시스템'을 넘어선 사람들이다. 아이들이 게임에 집중하는 모습을 관찰하면 이해가 쉽다. 아이들은 게임을 하며 '자신'을 넘어선다. 종종 친구들과 같은 게임을 하며 '친구'를 넘어설 때도 있다. 아이들을 게임에서 빠져나오지 못하게 하는 건 '시스템'이다. 결과적으로 아이들이 가장 좋아하는 것은 '시스템'을 넘어서는 것이다. '자기' 한계를 넘어서고 다음 레벨(단계)로 진입한다. 보상으로 아이템도 획득한다.

부자가 되는 것도 이와 같다. 부자들은 '나'를 넘어서는 습관이 몸에 밴 사람이다. '다른 사람'을 넘어서는 습관이 몸에 밴 사람이 부자가 된다. 최종적으로 '시스템'을 넘어서는 사람이 부자가 될 수 있다. 부자들은 '한계'라는 '시스템'을 넘어선다. 남들은 불가능하다고 여기는 '한계'도 부자들에겐 딛고 일어서는 기회다. 계단에 불과하다. 부자들은 '고정 관념'이라는 '시스템'도 가볍게 통과한다. 나이가 어려도 문제 되지 않는다. 여성이어도 포기하지 않는다. 체력이 약하다고 주저앉지 않는다. 부자들은 넘어서는 것이 습관이 된 사람들이다.

'마리아 몬테소리(Maria Montessori)'는 이탈리아 교육자이자 의사다. '몬테소리'는 당시 아버지의 조언과 무관하게 의대에 진학했다. '몬테소리'는 '고정 관념'이라는 '시스템'을 넘어섰다. 이탈리아 최초의 여성 의사가 되었다. '편견'이라는 '시스템'도 '몬테소리'를 막지 못했다. 지적 장애인들을 돌보며 '관행(慣行)'이라는 '시스템'도 넘어섰다. '몬테소리는' 지적 장애인들을 교육하기 위해 교육학과에 다시 입학한다. '권위주의'라는 '시스템'을 넘어섰다. 히틀러 정권도 그녀를 막지 못한다. '탄압'이라는 '시스템'마저 넘어섰다.

땅에 씨앗을 뿌린다. 씨앗은 '땅'을 넘어서 새싹을 틔운다. '땅'이라는 '시스템'을 넘어서야 싹이 나온다. 계절은 서로 경쟁하지 않는다. '봄'이라는 '시스템'을 넘어서야 '여름'을 맞는다. 부자가 되는 것도 이와 마찬가지다. '시스템'을 통과해야 한다. '시스템'을 넘어서야 부(富)를 이룰 수 있다. 계절의 관문을 통과해야 부(富)의 열매를 수확한다. 아이가 경쟁을 넘어서도록 훈련하라. 아이가 '시스템'을 넘어서는 습관을 몸에 익히게 하라. 세상을 움직일 부(富)를 얻을 것이다. 세상에 큰 영향력을 끼치는 부자가 될 것이다.

아이가 부자가 되기 위해 경쟁을 넘어서는 법을 배워야 한다. 『꽃들에게 희망을』에 나온 호랑 애벌레에게 배우자. 애벌레는 지루한 일상을 벗어났다. 익숙한 '자신'을 넘어섰다. 정든 고향을 떠났다. '나'를 넘어섰다. 정확하지 않은, 특별한 것을 찾아 애벌레 떼가 만든 높은 기둥을 딛고 올라간다. 호랑 애벌레는 애벌레 더미에서 내려왔다. 서로 짓밟는 일을 멈췄다. 오히려 '다른 사람'을 넘어서는 승자(勝者)가 되었다. 번데기 상태를 견뎌내고 나비가 되었다. '고정 관념'이라는 '시스템'을 넘어섰다. 호랑 애벌레는 호랑나비가 되었다. 쉽고 빠르게, 더 높이 날아올랐다. 아이가 경쟁을 넘어서고 날아오르게 하라. 부(富)를 향해 더 높이 날아오를 것이다.

내 아이가 경쟁을 넘어서는 법 Tip

1) 아이와 '플랭크에 도전하자. 시간을 적고, 매일 (신)기록 세우기'를 함께하자.(3Lv)
2) 아이에게 "네가 넘어서고 싶은 부자는 누구니?"라고 물어보자.(2Lv)
3) 아이와 '몬테소리 인물전 (위인전)'을 읽어보자.(2Lv)

내 아이
부자 만드는
핵심 노트

Part 5. 부자 아이는 비전을 가지고 나아간다

1 삶의 목표를 먼저 세우게 하라

1) 돈을 가르치기 전, '인생 계획서'를 작성하도록 가르쳐야 한다

2) 돈을 가르치기 전, '학업 계획서'를 작성하도록 가르쳐야 한다

3) 돈을 가르치기 전, '사업 계획서'를 작성하도록 가르쳐야 한다

2 기록을 습관이 되게 하라

1) 아이에게 '감사 기록'을 훈련하라

2) 아이에게 '용돈 기록'을 훈련하라

3) 아이에게 '드림(Dream, 꿈) 기록'을 훈련하라

3 회복 탄력성을 키워라

1) '실수를 마주하면' 회복 탄력성을 키울 수 있다

2) '약점을 마주하면' 회복 탄력성을 키울 수 있다

3) '실패를 마주하면' 회복 탄력성을 키울 수 있다

4 경쟁에서 이기는 법을 가르쳐라

1) '나'를 넘어서는 습관을 가르쳐야 한다

2) '다른 사람'을 넘어서는 습관을 가르쳐야 한다

3) '시스템'을 넘어서는 습관을 가르쳐야 한다

LIVE
YOUR
DREAM

아이 인생 전체를 큰 그림으로 보여주는 '인생 계획서'를 작성하자.
아이가 부자의 인생을 계획하게 하자.
삶의 목적이 돈 자체가 아니라 돈의 힘을 활용하는 것임을 기억하자.

Part 6

부자 아이는 소비관념이 단단하다

1

과소비의 위험성을 경고하라

: 왜 아빠 개구리의 배가 펑 터졌나?

'의식동원(醫食同源)' 또는 '약식동원(藥食同源)'이라는 말을 들어보았는가? '의약과 음식의 근원이 같다'는 뜻이다. 잘 먹은 음식은 약(藥)과 같은 효과가 있다. 식사의 중요성을 가르쳐준다. 무엇을 먹느냐가 건강과 직결된다. 양도 중요하다. 과거에는 생존을 위해 음식을 먹었다. 생존에 필요한 양만 먹었다. 오히려 영양소가 부족했다. 요즘은 먹고 싶은 음식을 많이 먹는다. 먹고 싶은 욕구를 따라 불필요한 양의 음식을 먹는다. 영양 과잉의 시대다. 배가 고프지 않아도 음식을 먹는다. 과식은 각종 대사증후군을 유발한다.

1) '욕심대로 사는(구매하는) 것'이 과소비다

소비도 마찬가지다. 과거에는 생활에 꼭 필요한 것만 샀다. 오히려 부족한 것도 많았다. 요즘은 사고 싶은 소비 욕구대로 많이 산다. 양껏 소비한다. 양껏 소비하는 것은 불필요한 소비다. 불필요한 것을 사는 것은 소비 과잉이다. 소비 과잉은 과소비다. 부자들은 필요한 것만 산다. 아이를 부자로 키우고 싶은가? 부자들처럼 필요한 것만 소비해야 한다. 사고 싶은 소비 욕구대로 다 소비하는 것은 과소비다. 부자들은 과소비하지 않는다. 부자들을 따라 과소비를 중단하자. 그럼 과연 어떤 소비가 과소비일까?

'욕심대로 사는(구매하는) 것'이 과소비다. 세상에서 가장 쉬운 다이어트 방법이 있다. 식사 때마다 한 숟가락만 덜 먹는 것이다. 누구든지 당장 할 수 있다. 밥 한 숟가락의 '욕심'만 버리면 쉽게 몸무게를 줄일 수 있다. 과체중의 시작은 '욕심'이다. 딱 밥 한 숟가락의 '욕심' 말이다. '욕심'이 과식의 원인이다. '욕심대로 사면' 일단 많이 산다. 필요한 물건인지 아닌지는 중요하지 않다. 일단 사고 싶은 '욕심'을 채우면 된다. '욕심대로' 채운 물건값은 얼마나 될까? 부자들은 '욕심대로 사지' 않는다. 부자들은 과소비하지 않는다.

캠핑에 관심이 많은 사람은 캠핑용품에 '욕심'이 많다. 긴장을 늦추면

'욕심대로 캠핑용품'을 사는 과소비를 한다. 최신 스마트폰에 민감한 사람도 마찬가지다. 새로운 모델의 스마트폰에 '욕심을 부린다.' 기회가 되면 '욕심대로 최신 스마트폰'을 산다. 요즘처럼 신제품이 자주 출시될 때는 그 비용도 만만치 않다. '욕심대로 스마트폰을 사는 것'이 과소비다. 신형 자동차에 관심이 많은 사람도 똑같다. 신형 자동차에 '욕심'을 부린다. '욕심대로 신형 자동차'를 산다. 자동차를 자주 바꾼다. 모두 과소비다.

고가(高價)의 낚시대에 '욕심'을 부리는 사람도 있다. 낚시를 취미 삼아 하면서 낚시대에 지나치게 집중한다. 스크린 골프를 치는데 고가(高價)의 골프 복장을 고집하는 사람도 있다. 동네 뒷산에 올라가면서 명품 아웃도어 세트를 준비하는 사람도 있다. 저마다 '욕심'을 부리는 영역과 이유가 다양하다. '욕심대로 사는 삶'은 부자 되기를 포기하는 것과 같다. 부자들은 과소비 하지 않는다. '욕심대로 사는 것'은 과소비다. 아이가 과소비하지 않게 훈련하라. '욕심대로 사는 것'은 부자를 포기하는 삶이라고 가르쳐라.

2) '충동적으로 사는(구매하는) 것'이 과소비다

똑똑한 부자들은 필요한 것을 기록해둔다. 계획적인 소비를 한다. 계획적인 소비는 과소비를 막는다. 아이를 부자로 키우고 싶은가? 계획에 없는 소비를 하지 못하게 교육하자. 기록에 없는 것을 사지 않아야 한다. 기록에 없는 것은 계획에 없는 소비다. 계획에 없는 소비는 과소비로 이어진다. 어떨 때 계획에 없는 소비를 하는가? 다시 말해서 필요한 물품 목록에도 없는 물건을 언제 사는가? 사고 싶다는 '충동'이 들 때다. 기억하자. 부자들은 '충동적인 소비'를 하지 않는다. '충동적으로 사는(구매하는) 것'이 과소비다.

요즘은 쉴 새 없이 광고들이 '충동구매'를 부추긴다. 반복적으로 광고에 노출되면 무의식적으로 세뇌된다. 어렸을 때 들은 이야기가 생각난다. 미국의 한 극장에서 영화 관람 중인 사람들을 대상으로 실험했다. 일정 시간 간격으로 영화 스크린에 '팝콘을 드세요'라고 자막으로 광고했다. 영화가 끝나자 사람들이 일제히 매점으로 달려갔다. 마치 약속이나 한 듯 팝콘을 사서 먹었다. 광고의 힘이다. 자신도 모르는 사이 '팝콘 광고'에 세뇌당했다. '팝콘 광고'는 '팝콘 충동구매'로 이어졌다.

아이를 건전한 소비자로 키우자. 아이가 충동적으로 구매하지 않게 훈련하자. 아이가 무방비 상태에서 광고에 노출되지 않게 보호하자. 물건을 사기 전에 광고 속에 숨어 있는 판매 전략을 찾아보자. 아이와 함께 얘기해보자. 광고에 저항하기 위한 전략도 짜보자. 불필요한 물건을 광고 때문에 '충동구매'한 경험을 아이와 나눠보자. 내가 '충동구매'를 했던 경험을 아이에게 먼저 이야기해보자. '충동구매'로 산 물건 중 쓰지 않는 물건을 찾아보자. 잊지 말자. '충동적으로 구매하는 것'이 과소비다. 과소비하지 않는 아이가 부(富)를 누린다.

'충동구매'의 원인이 광고만이 아니다. 처음 보는 상품이 궁금해서 '충동구매'를 할 때도 있다. 호기심이 '충동구매'의 원인이다. 너무 예뻐서 '충동구매'를 할 때도 있다. 허영심이 '충동구매'를 부추긴다. 인기 제품이라서 '충동구매'를 할 때도 있다. 군중심리가 '충동구매'의 이유다. 친구를 따라 '충동구매'를 하기도 한다. 동질감이 '충동구매'를 부채질한다. 생각보다 값이 싸서 '충동구매'를 하기도 한다. 판단 실수가 '충동구매'로 이어진다. '충동적으로 사는 것'이 습관인 사람은 부자가 될 수 없다. 과소비는 부자를 방해하는 장애물이다.

3) '다른 사람에게 과시하기 위해 사는(구매하는) 것'이 과소비다

'이솝 우화'에 나온 '황소와 개구리' 이야기를 기억하는가? 연못가에서 놀던 새끼 개구리들이 커다란 황소를 봤다. 새끼 개구리들이 집으로 돌아와 아빠 개구리에게 황소 이야기를 했다. 아빠 개구리는 볼에 공기를 양껏 집어넣고 "황소가 이만하던?" 하고 물었다. "아니오." 아빠 개구리는 공기를 배에 가득 넣고 또 물었다. 새끼 개구리들은 "황소가 훨씬 더 크다"고 답했다. 아빠 개구리는 점점 더 많은 공기를 배에 넣고 몇 번이고 반복해서 물었다. "황소가 더 커요." 새끼 개구리들의 말이 다 끝나기 전에 아빠 개구리의 배가 '펑' 터졌다.

아빠 개구리는 새끼 개구리들 앞에서 자기 몸집을 크게 부풀렸다. 개구리가 아무리 커도 황소만큼 클 수 없다. 개구리는 개구리일 뿐이다. 아빠 개구리는 황소보다 작은 자기 몸집에 만족하지 않았다. 아빠 개구리는 새끼 개구리들 앞에서 자신을 '과시'했다. 몸집을 점점 더 크게 부풀렸다. 아무리 부풀려도 황소만큼 커질 수 없었다. 무리하게 몸집을 부풀리던 아빠 개구리의 배는 터졌다. '과시'가 불러온 불행이다. 아빠 개구리처럼 사는 사람이 적지 않다. 황소를 흉내 내는 과소비를 '과시'하다 경제 파산을 초래한다.

'다른 사람에게 과시하기 위해 사는(구매하는) 것'이 과소비다. 다른 사람에게 자신을 '과시'하는 사람들은 욕심껏 많은 물건을 산다. '과시'는 과소비로 연결된다. 과소비는 결국 가정 경제를 무너뜨린다. 사실 아이들이 가정 경제에 문제를 초래할 정도의 '과시'를 하는 일은 거의 없다. 어쩌면 내(부모)가 더 새겨야 할 말이다. 아이들은 나의 모습을 따라 한다. 내가 '남들에게 과시하기 위해 사는 소비'를 하면 아이들도 똑같이 한다. 꼭 짚어야 할 문제다. 아이에게 부자가 되려면 '과시하지 않아야 한다'는 것을 가르치자.

몇 년 전에 유행했던 '플렉스(Flex)' 문화는 '자기 과시'를 보여준다. 다소 사치스러운 인상을 준다. 2030을 중심으로 만들어진 소비문화다. 현재의 자기 자신에 대한 불만과 미래에 대한 불안이 담겨 있다. 게다가 자격지심까지 한몫했다. 심리학 전문가들은 '요즘 젊은 세대들의 불안감을 감추고 잊기 위한 보상소비'라고 분석했다. 아빠 개구리가 몸집을 크게 부풀리기 위해 배에 넣은 건 공기다. 바람이다. '과시하기 위해 사는 것'이 내가 될 수 없다. 기억하자. 황소는 '과시하기 위해' 자신을 부풀리지 않는다. '과시하기 위해' 과소비하면 부자가 될 수 없다.

잘 먹은 음식은 약과 같은 효과가 있다. 무엇을 먹느냐가 중요하다. 과거엔 생존을 위해 먹었다. 먹고 싶은 욕심대로 많이 먹는 것은 위험하다. 소비도 마찬가지다. 부자들은 필요하지 않은 것을 사지 않는다. 부자들은 과소비하지 않는다. 어떤 것이 과소비인가? '욕심대로 사는 것'이 과소비다. '욕심대로 사는 삶'은 부자를 포기한 삶이다. '충동적으로 사는 것'이 과소비다. 무의식을 자극하는 광고에 저항하는 훈련이 필요하다. '다른 사람에게 과시하기 위해 사는 것'이 과소비다. 개구리가 아무리 몸집을 키워도 황소만큼 커지지 않는다. 아이에게 과소비가 무엇인지 가르쳐라. 아이에게 과소비의 결과는 경제 파산임을 가르치자. 건전한 소비 습관이 아이를 부(富)로 이끌 것이다.

내 아이 건전한 소비 습관 Tip

1) 가족들과 '10분 동안 양말 많이 신기 대회'를 해보자.(3Lv)

2) 아이와 '광고에 저항하기 게임'을 만들어보자.(3Lv)

3) 아이와 '황소와 개구리(이솝 우화)'를 읽어보자.(2Lv)

2

돈, 잘 쓰는 소비법을 가르쳐라

: 천사가 가져온 건 심장과 죽은 제비

TV 프로 〈엄마를 찾지 마〉를 기억하는가? 육아와 일상에 지친 엄마를 가출시킨 프로그램이다. 엄마에게 100만 원의 가출 지원금도 제공된다. 자신을 위해 무엇이든 살 수 있다. 어디든 떠날 수 있다. 반드시 시간과 돈은 엄마 자신만을 위해 써야 한다. 돈의 지출 내역은 문자로 가족에게 전달된다. 100만 원을 모두 쓰면 가출이 끝난다. 엄마들은 여행을 가거나 고향을 찾아갔다. 친구를 만나고 맛있는 음식을 사 먹는다. 카페에 앉아 여유도 누린다. 평소 하지 못한 것들을 마음껏 누린다. 오로지 자신만 위해 시간과 돈을 사용한다. 100만 원의 행복이다.

1) '행복'을 위해 돈을 써라

방송에 출연한 엄마들에게 공통점이 많았다. 가족들을 돌보느라 최선을 다하면서 헌신(獻身)했다. 자신이 희생하는 것을 당연하게 여기는 삶을 살았다. 100만 원을 받고 가출에 성공한다. 마음으로 꿈꾸던 일탈에서 기쁨을 느꼈다. 꽃꽂이를 배우며 울었다. 판소리에 도전해 한(恨)을 풀었다. 필라테스로 틀어진 몸의 균형을 잡았다. 자신을 돌볼 시간도 없이 살아온 엄마에게 위로가 되었다. 남편과 아이들 없이 홀로 서니 애처로운 자신과 마주했다. 계절의 변화도 느꼈다. 아련한 추억도 떠올랐다. 지나간 시간이 느껴졌다. 진짜 '행복'을 되찾았다.

가족들은 엄마의 빈자리를 크게 느꼈다. 전화를 걸고 문자 메시지를 보냈다. 심지어 찾아 나선 가족들도 있다. 엄마의 가출 이후에 엄마도 쉼이 필요하다는 것을 깨닫는다. 문자로 날아든 지출 내역을 보며 새로운 각오를 한다. 중요한 것은 엄마도 돈을 잘 쓸 수 있다는 사실이다. 남편과 아이들을 위해서 양보만 하기 바쁘다. '행복'한 부자들은 돈을 어떻게 쓸까? 유대인들은 어려서부터 돈을 쓰는 법을 먼저 가르친다. 돈을 잘 써야 잘 모을 수 있다. 돈을 잘 쓰는 사람이 부자가 된다. 아무렇게나 펑펑 쓰라는 말이 아니다.

비행기에 탑승하면 가장 먼저 '안전 교육'을 한다. 안전벨트 착용법, 수

화물 보관 위치, 기내 방송에 집중하라고 안내한다. 절대 잊지 말아야 할 내용이 있다. 산소마스크 착용에 관한 내용이다. 기내 압력이 감소해서 산소 공급이 필요할 때 '본인(성인 어른)의 마스크 착용이 우선'이다. 산소가 부족해 정신을 잃으면 누구도 도와줄 수 없기 때문이다. 내가 먼저 마스크를 착용해야 아이와 노인을 도울 수 있다. 내가 굳건히 자리를 지켜야 주변을 돌볼 수 있다. 나를 돌보는 것이 '행복'이다. 부자들은 '행복'을 위해 돈을 쓴다.

나를 사랑하는 것이 '행복'이다. 부자는 사랑하는 나에게 기꺼이 돈을 쓴다. '행복'을 위해 돈을 쓰면 더 큰 '행복' 에너지가 주위에 전달된다. '행복'에 투자된 돈은 '행복'을 더 크게 불려 나간다. 아이에게 돈을 잘 쓰는 법을 훈련하라. '행복'을 위해 돈을 쓰는 것을 허락하라. '행복'을 위해 돈을 쓰는 일이 얼마나 값진 것인지 가르쳐라. '행복'에 투자한 돈은 '감사'라는 이자가 붙는다. '행복'에 투자한 돈은 '기쁨'이라는 이자가 따라온다. '행복'에 투자한 돈은 '성공'이라는 이자를 붙인다.

2) '이웃'을 위해 돈을 써라

어느 교회에서 일할 때다. 방학 동안 아이들이 '어린이 성경 고사'를 준비했다. 매주 토요일마다 교회에 모여 함께 성경 공부를 했다. 어느 날 초등 3학년인 C가 와서 조용히 귀에 대고 말했다. "전도사님, 이따가 간식 사러 가실 때 저도 데리고 가주세요." 이유를 물었다. "오늘은 제 저금통에서 용돈을 챙겨왔어요. 매주 전도사님께서 간식을 사시잖아요. 작지만 저도 도움이 되고 싶어서요." 순간 울컥했다. 너무 따뜻한 아이의 배려에 감동되었다. 친구들을 위해 기꺼이 자기 용돈을 쓰겠다는 베풂에 참 감사했다.

세상에 혼자 살 수 있는 사람은 아무도 없다. 모두가 함께 어울려 살아간다. 세상에 혼자 힘으로 부자가 된 사람도 없다. 각자 위치에서 서로의 역할을 다해야 사회가 유지된다. 자원과 돈이 순환한다. 이익과 부(富)가 재분배(再分配)된다. 함께 더불어 잘 살아야 하는 이유다. 이타적인 사람들이 부자가 된다. 부자들은 '이웃'을 위해 돈을 아끼지 않는다. 부자들은 '이웃'들을 배려하고 투자한다. 부자들은 '이웃'을 돕는다. 도움을 받은 '이웃'이 또 다른 '이웃'을 돕는다. 도움과 배려의 선순환이다. 아낌없는 사랑이 더 큰 부(富)의 열매를 맺는다.

'오스카 와일드(Oscar Wilde)'의 『행복한 왕자』는 많은 사랑을 받은 동화다. 도시 가운데 높이 솟은 기둥이 있다. 기둥 꼭대기에 화려한 보석들로 장식한 '행복한 왕자' 동상이 세워졌다. 어느 추운 겨울, 제비 한 마리가 '행복한 왕자' 동상 위에 앉아서 쉰다. 제비는 아직 따뜻한 나라로 떠나지 못했다. '행복한 왕자' 동상은 발아래 내려다보이는 도시의 모습을 보며 눈물을 흘렸다. 제비는 '행복한 왕자' 동상의 부탁을 받는다. '왕자' 동상 손에 쥐어진 칼자루에 박힌 '루비'를 아픈 아이에게 물어다 준다. '루비' 덕분에 엄마와 아이는 오렌지를 먹을 수 있었다.

제비는 '왕자' 동상 눈에 박힌 '사파이어'를 가난한 작가와 성냥팔이 소녀에게 나눠준다. 마지막으로 제비는 '왕자' 동상의 온몸에 박힌 '금 조각들'을 떼다가 가난한 사람들에게 나눠준다. 드디어 제비는 떠날 수 있게 되었지만 떠나지 않았다. 따뜻한 '왕자 동상'의 마음에 감동 받았다. '이웃'을 사랑한 '행복한 왕자' 동상 곁에서 죽음을 맞이한다. 하늘나라에서 하나님이 천사에게 세상에서 가장 귀한 두 가지를 찾아오라고 한다. 천사는 '행복한 왕자' 동상의 심장과 죽은 제비를 가져왔다. '행복한 왕자' 동상과 제비는 하늘나라에서 행복하게 살았다.

3) '미래'를 위해 돈을 써라

부자들은 돈을 잘 쓰는 사람들이다. 돈을 잘 쓰는 것은 돈을 마구 쓰는 것이 아니다. 돈을 모두 써버리는 것을 의미하지 않는다. 부자들은 돈을 벌기 힘들다는 것을 안다. 돈을 귀하게 여기는 사람이 부자가 된다. 부자들은 돈을 가치 있게 사용한다. 돈이 필요한 곳에 흘려보낸다. 사람을 살리고 세상을 변화시키는 의미 있는 곳에 돈을 쓴다. 부자들은 '미래'를 위해 돈을 쓴다. 좀 더 정확히 표현하자면 '미래'를 위해 투자한다. 푼돈도 알뜰하게 투자하여 '미래'에 더 큰 부(富)를 이룬다.

어느 마을에 세 아들을 둔 큰 부자가 있었다. 나이가 든 부자는 평생 모은 재산을 누구에게 물려줄지 생각했다. 어느 날 며느리들을 불렀다. 세 명의 며느리들을 차례로 불러 항아리를 하나씩 나눠줬다. 며느리들은 각자 자기 방으로 돌아갔다. 기대감에 찬 맏며느리가 항아리를 열었다. 항아리 속에 '볍씨 한 알'이 들어 있었다. 맏며느리는 크게 실망하여 '볍씨'를 마당에 던졌다. 둘째 며느리의 항아리에도 '볍씨 한 알'이 들어 있었다. 둘째 며느리는 깔깔 웃으며 '볍씨'를 까서 먹었다. 막내며느리의 항아리도 똑같았다.

'볍씨 한 알'을 꺼내든 막내며느리는 시아버지의 뜻이 무엇인지 곰곰이 생각했다. '볍씨'를 마당에 가져다 두고 올가미를 설치했다. 참새 한 마리가 갇혔다. 이웃집 아주머니가 참새와 달걀을 바꾸자고 했다. 달걀은 부화해 병아리가 되었고 곧 암탉이 되었다. 닭이 매일 알을 낳고 마당 닭들이 가득해지자 내다 팔았다. 새로 사 온 새끼 돼지도 자라서 어른 돼지가 되었다. 새끼를 많이 낳았다. 돼지 스무 마리를 내다 팔아 송아지를 샀다. 송아지가 자라 어른 소가 되었다. 소 덕분에 일하기 수월했다. 어른 소를 되팔아 상당히 넓은 논을 샀다.

3년이 지나 부자는 며느리들을 불러 '볍씨 한 알'이 어떻게 되었는지 물었다. 기억 못 하는 맏며느리, 까서 먹어버린 둘째 며느리! 막내며느리는 '볍씨 한 알' 덕분에 살림이 늘어나 넓은 논이 되었다고 대답했다. 똑같이 받은 '볍씨 한 알'을 '미래'에 투자한 막내며느리가 재산을 상속받았다. 재산은 더 많이 늘어났고 그 마을에는 흉년에도 밥을 굶는 사람이 없었다. '미래'를 위해 돈을 써라. 아이가 '미래'를 위해 돈을 투자하게 훈련하라. 한 알의 볍씨의 힘을 믿고 과감하게 '미래'에 투자한 막내며느리를 따라 하자. 미래의 부(富)는 투자한 자에게 온다.

〈엄마를 찾지 마〉 프로그램을 기억하는가? 일상과 육아에 지친 엄마들에게 100만 원의 지원금과 자유를 제공한 프로젝트다. 엄마들은 시간과 돈을 오롯이 자신만을 위해 썼다. 쉼과 회복으로 인해 행복을 되찾았다. 아이를 부자로 키우고 싶은가? 돈을 잘 쓰는 법을 가르쳐라. '행복'을 위해 돈을 써라. '부자들은 행복'에 돈을 쓴다. '행복'에 쓴 돈은 '성공'이라는 이자를 데려온다. '이웃'을 위해 돈을 써라. 아낌없이 나눠준 '행복한 왕자' 동상은 천국에서 행복하게 살았다. '이웃'을 사랑한 '왕자 동상'에게 감동한 제비와 함께 말이다. '미래'를 위해 돈을 써라. 비록 작은 '볍씨 한 알'도 미래에 큰 부(富)로 불어났다. 돈을 잘 쓰는 아이가 행복한 부자가 될 수 있다.

내 아이가 돈 잘 쓰는 법 Tip

1) 아이와 '온 가족 행복 소비 목록'을 만들어보자.(4Lv)

2) 아이와 '행복한 왕자(동화)를 읽고 내가 왕자였다면 어땠을까?'를 이야기해보자.(3Lv)

3) 아이와 '묘목을 사다 심고 30년 후에 어떻게 될지' 이야기해보자.(3Lv)

3

돈! 잘 지키는 지혜를 가르쳐라

: 노인과 바다 그리고 상어

2003년 D씨가 로또 1등에 당첨됐다. 당첨금은 242억, 실수령액은 189억 원이었다. 아무도 D씨의 로또 당첨 사실을 몰랐다. 갑자기 큰돈이 생긴 D씨는 조언을 구할 사람이 없었다. 돈을 어떻게 써야 할지 몰랐다. 우선 아파트를 두 채 샀다. 전에 주식에 투자한 경험이 있어 거액을 한꺼번에 주식에 투자했다. 결과가 좋지 않았다. 지인을 통해 병원 설립에도 투자했다. 중요한 서류를 챙기지 않아 투자금을 회수하지 못했다. 심지어 사기 행각을 벌이다 경찰에 붙잡혔다. 안타깝게도 D씨는 5년 만에 당첨금을 모두 탕진했다.

1) '방심(放心)'으로부터 돈을 잘 지켜야 한다

"떡도 먹는 사람이 먹는다"는 말이 있다. 뭐든 많이 먹어봐야 잘 먹는다. 어떤 음식이 맛있는지 구별한다. 어떻게 먹어야 하는지 터득한다. 돈도 마찬가지다. 돈도 번 사람이 번다. 부(富)를 이룬 사람이 더 번다. 재산도 지켜본 사람이 지킨다. 어렵게 돈을 벌어 큰 재산을 일궜어도 잘 지켜내지 못하면 아무 소용없다. 축구선수들이 공격만 잘해서 우승할 수 없는 것과 같다. 공격만큼이나 수비도 중요하다. 상대 팀의 공격에 잘 방어해야 한다. 골키퍼가 골대를 잘 지키지 못하면 경기에서 진다. 실패할 수밖에 없다.

'별주부전(鱉主簿傳)'을 기억하는가? 용왕이 병에 걸렸다. 어떤 약을 써도 병이 낫지 않았다. 의사는 토끼의 간(肝)을 먹어야 용왕의 병이 낫는다고 말했다. 자라가 토끼의 간을 구하러 육지로 간다. 자라는 토끼에게 감언이설(甘言利說)로 용궁(龍宮)이 육지보다 살기 좋은 곳이라고 꼬드긴다. 토끼는 자라 등을 타고 용궁에 따라간다. 물고기 병사들이 달려들어 토끼를 잡아 용왕에게 데려간다. 간(肝)을 내놓으라는 용왕 앞에서 토끼는 당황했다. 토끼가 잠시 '방심(放心)'한 사이에 모든 것이 빼앗길 위험에 처한다.

토끼는 지금 간(肝)이 없다고 꾀를 낸다. 탐내는 동물들이 많아 간(肝)

을 꺼내 씻은 뒤 바위 밑에 숨겨놨다고 말했다. 용왕은 자라에게 토끼를 데리고 육지에 가서 간(肝)을 가져오라고 한다. 육지에 도착한 토끼는 미련한 자라를 비웃었다. 세상에 간(肝)을 빼놓고 다니는 동물이 어디 있을까? 토끼는 순식간에 도망쳤다. '방심'하면 간을 빼앗긴다. '방심'하면 목숨도 빼앗긴다. 잠시 '방심'하면 돈을 빼앗긴다. 토끼처럼 꾀를 내야 한다. 지혜로운 꾀로 간과 목숨을 잘 지켜야 한다.

부자들은 재산을 잘 지키는 사람들이다. 아이를 부자로 키우고 싶은가? 부자들처럼 재산을 잘 지키도록 훈련하자. 어떻게 재산을 잘 지킬 수 있을까? 아이에게 '별주부전'이 주는 교훈을 가르치자. '방심'하다가 재산을 한순간에 잃게 된다. 토끼가 잠깐 '방심'한 결과, 간(肝)을 빼앗기고 죽을 뻔했다. 용왕이 잠시 '방심'한 틈을 타 토끼가 꾀를 냈다. 하마터면 죽을 뻔한 위기를 이겨냈다. 아이가 간을 지키게 훈련하자. 아이에게 목숨을 지킬 방법을 가르치자. 어렵게 모은 재산을 잘 지키면 부자가 될 수 있다. 아이가 '방심'으로부터 돈을 잘 지켜야 한다.

2) '무지(無知)'로부터 돈을 잘 지켜야 한다

242억 원의 로또에 당첨된 D씨에게서 교훈을 얻자. D씨는 '무지(無知)' 때문에 거액의 당첨금을 잃었다. D씨가 돈을 어떻게 관리할지 배웠다면 더 큰 부(富)를 이뤘을 것이다. 돈을 잘 지키는 법을 배워야 하는 이유다.

재산을 모으기도 어렵지만 지키는 것이 더 어렵다는 것을 기억하라. 아이에게도 가르쳐라. 재산을 잘 지키는 방법을 훈련하라. 작게 시작해보라. 아이가 자기 용돈부터 지키게 하라. 적은 돈을 지킬 줄 아는 사람이 많은 돈을 지킬 수 있다. 평소에 훈련하지 않으면 안 된다.

문맹(文盲)은 삶을 불편하게 할 뿐이다. 금융 문맹(金融文盲)은 생존을 위협한다. 아이의 학교 공부보다 금융 공부가 시급하다. 국어, 영어, 수학 성적이 좋지 않다고 해서 생존에 위협을 당하지 않는다. 돈을 모르면 세상을 살아갈 수가 없다. 돈이 없으면 기본적인 의식주(衣食住)조차 보장받지 못한다. 아이가 '무지'에서 벗어나게 하라. 아이를 금융 문맹이 되지 않게 가르쳐라. 돈을 잘 모을 수 있도록 훈련하라. 모아놓은 재산을 지키는 것이 얼마나 어려운지 강조하라. 아이가 '무지(無知)'로부터 돈을 잘 지키도록 훈련하라.

'존 록펠러(John Davison Rockefeller)'의 가문은 역사상 가장 많은 돈을 가졌던 사람들이다. '록펠러'는 어머니로부터 절약 정신을 배웠다. 아버지의 사업성도 배웠다. 회사의 돈이 돌아가는 시스템을 배우고 싶었다. 고등학교도 졸업하기 전에 경리로 취직했다. '록펠러'는 2년간 회사에서 일을 배우고 나왔다. 드디어 자신의 사업을 시작했다. 당시 사업을 하는 사람들에게 호의적이었던 은행에서 대출받아 생필품을 판매했다.

많은 사람들이 유전 발굴 사업에 뛰어들 때 '록펠러'는 더 앞을 내다보고 준비했다. 기름을 정제하는 정유소를 만든다.

'록펠러'의 예상은 적중해서 사업이 크게 성공한다. 조금씩 사업을 확장해 미국 내 정유소의 95%를 장악한다. '록펠러' 재단을 세워 기부도 아끼지 않았다. '록펠러'가 사망 당시 그의 재산이 500조 원이 넘었다. '록펠러'의 후손들도 막대한 재산을 물려받아 미국 내 최고 명문가로 손꼽힌다. '록펠러' 가문의 부(富)와 명성은 어느덧 7세대까지 이어지고 있다. 부자들은 '무지'로부터 재산을 지킨 사람들이다. 배워야 지킬 수 있다. '무지'에서 벗어나야 한다. 내 아이도 '무지'로부터 재산을 지키면 '록펠러'와 같은 큰 부자가 될 수 있다.

3) '파산(破産)'으로부터 돈을 잘 지켜야 한다

'어니스트 헤밍웨이(Ernest Hemingway)'의 작품 『노인과 바다』를 기억하는가? 쿠바에서 고기를 잡던 노인이 있었다. 어찌 된 일인지 80일이 넘도록 고기를 한 마리도 잡지 못했다. 평소와 같이 노인은 새벽에 일어나 물고기를 잡으러 바다로 나갔다. 얼마쯤 시간이 지났을까? 거대한 청새치 한 마리가 잡혔다. 어찌나 큰지 청새치에게 배가 끌려다닐 정도였다. 노인은 작살을 청새치의 옆구리에 꽂았다. 청새치는 힘을 잃고 수면 위로 떠올랐다. 청새치와의 긴 사투(死鬪) 끝에 노인이 승리했다.

물고기가 너무 커서 노인의 배에는 실을 수 없었다. 어쩔 수 없이 노인은 청새치를 배에 묶고 노를 저었다. 아무리 크고 무거운 물고기도 배에 묶으면 육지까지 가져갈 수 있다. 문제는 지금부터였다. 죽은 청새치의 피 냄새를 맡은 상어(백상아리)들이 노인의 배 주위로 모여들었다. 청새치의 살점을 물어뜯었다. 노인은 상어들과 싸웠다. 노인은 끝까지 포기하지 않았다. 어느덧 거대한 청새치는 온데간데없고 뼈만 앙상하게 남았다. 배는 육지에 도착했다. 사람들은 노인과 배에 묶인 청새치의 뼈를 보고 깜짝 놀랐다.

노인이 잡은 청새치는 상어 떼의 밥이 되고 말았다. 육지에 도착했을 때는 이미 뼈밖에 남지 않았다. 재산도 마찬가지다. 아무리 큰 부(富)를 이루더라도 지켜내지 못하면 뼈만 남게 된다. '파산(破散)'으로부터 돈을 잘 지켜야 한다. 노인은 조금씩 다가와 청새치를 노리는 상어와 끝까지 싸웠다. 포기하지 않았지만 결국 청새치를 지켜내지 못했다. 끝까지 노력했지만 결국 '파산'했다. 나도 모르는 사이에 재산을 뜯어먹는 상어들을 조심해야 한다. 재산을 '파산'시키는 습관을 버려야 한다.

내가 모은 돈을 '파산'시키는 사람을 주의해야 한다. 내 재산을 '파산'시키는 돈을 조심해야 한다. 신용카드를 주의해서 사용해야 한다. 경제 전문가들은 신용카드를 아예 자르라고 말한다. 카드는 지출을 눈으로 볼

수 없다. 과소비로 이어질 수 있다. 투자를 미끼로 접근하는 사람들을 주의해야 한다. 일확천금(一攫千金)을 꿈꾸는 사람을 멀리해야 한다. 순식간에 빚을 눈덩이처럼 부풀리는 나쁜 빚을 끊어야 한다. 아이를 부자로 키우고 싶은가? 아이에게 '파산'으로부터 돈을 지키는 법을 가르쳐라. '파산'으로부터 잘 방어하는 아이가 부자가 될 수 있다.

D씨는 로또 1등 당첨으로 200억 원의 돈이 생겼다. 돈을 어떻게 관리할지 몰라 결국 탕진했다. 심지어 사기 행각을 벌이까지 했다. 큰 부(富)를 이루기가 어렵다. 모아놓은 재산을 지키는 것은 더 어렵다. 아이가 재산을 잘 지키도록 훈련하라. '방심'으로부터 돈을 잘 지켜야 한다. 토끼가 '방심'해서 간과 목숨을 빼앗길 뻔했다. '무지'로부터 돈을 잘 지켜야 한다. 금융 문맹은 생존을 위협한다. '록펠러' 가문은 부(富)와 명성이 7세대까지 이어졌다. '파산'으로부터 돈을 잘 지켜야 한다. 노인은 끝까지 싸웠지만 청새치를 지키지 못했다. 결국 거대한 뼈만 남았다. 균형 있는 공격과 수비만이 경제 우승을 보장한다. 내 아이도 경제 챔피언이 될 수 있다.

내 아이 돈(재산) 지키기 Tip

1) 아이와 '별주부전(鱉主簿傳)(고전) 읽기'에 도전해보자.(2Lv)

2) 아이와 '금융 문맹 (방)탈출 게임'을 만들어 보자.(4Lv)

3) 아이와 '용돈을 파산으로 이끄는 상어가 무엇인지'를 찾아보게 하자.(3Lv)

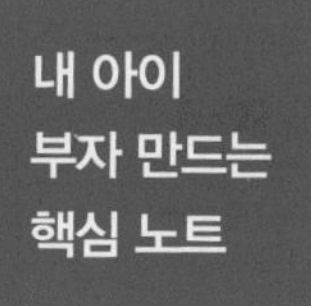

Part 6. 부자 아이는 소비관념이 단단하다

1 과소비의 위험성을 경고하라

1) '욕심대로 사는(구매하는) 것'이 과소비다
2) '충동적으로 사는(구매하는) 것'이 과소비다
3) '다른 사람에게 과시하기 위해 사는(구매하는) 것'이 과소비다

2 돈, 잘 쓰는 소비법을 가르쳐라

1) '행복'을 위해 돈을 쓰라
2) '이웃'을 위해 돈을 쓰라
3) '미래'를 위해 돈을 쓰라

3 돈! 잘 지키는 지혜를 가르쳐라

1) '방심(放心)'으로부터 돈을 잘 지켜야 한다
2) '무지(無知)'로부터 돈을 잘 지켜야 한다
3) '파산(破産)'으로부터 돈을 잘 지켜야 한다

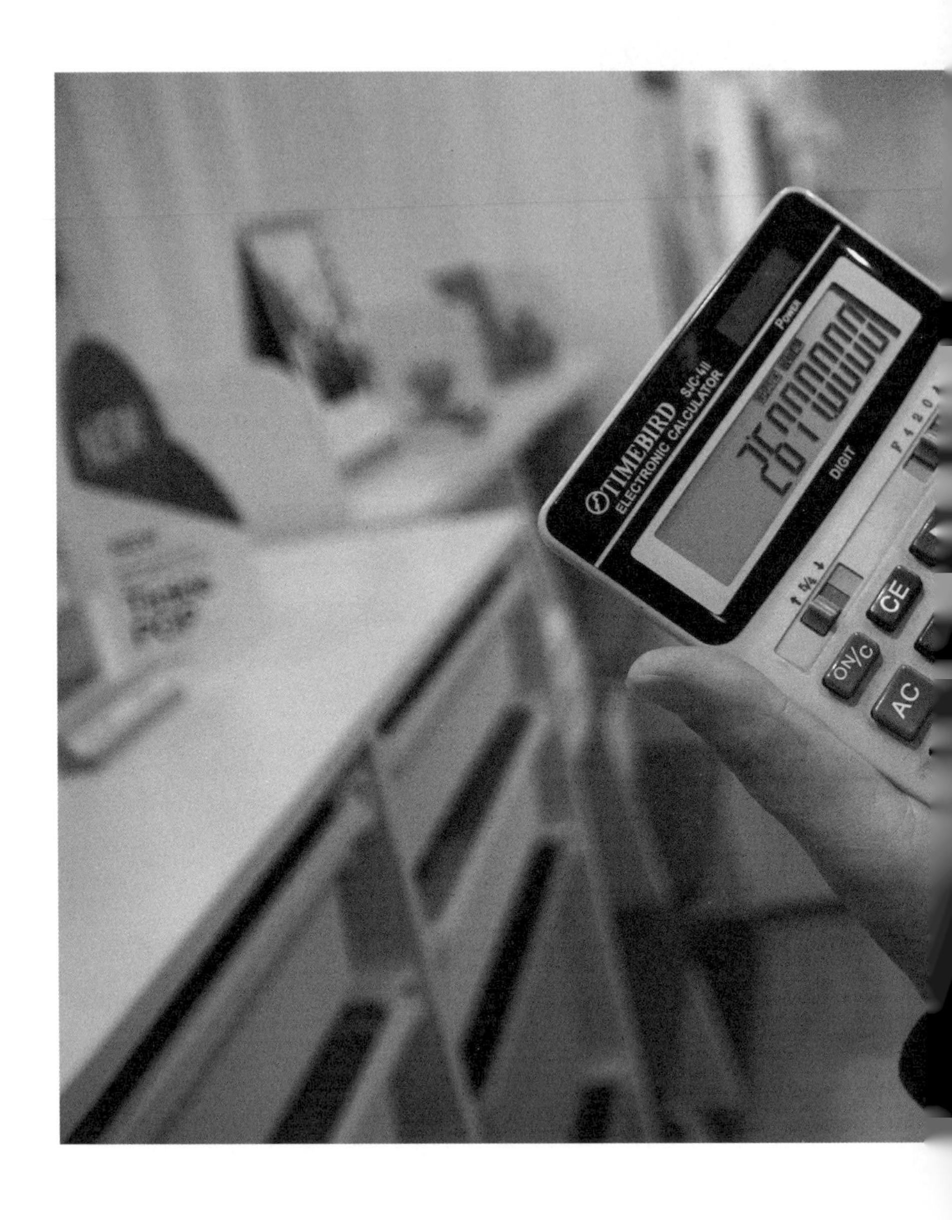
TIMEBIRD
ELECTRONIC CALCULATOR
DIGIT
CE
ON/C
AC

아이에게 과소비가 무엇인지 가르쳐라.
아이에게 과소비의 결과는 경제 파산임을 가르치자.
건전한 소비 습관이 아이를 부(富)로 이끌 것이다.

Part 7

부자 아이는 금융을 이해한다

1

경제용어, 아는 만큼 이해한다

: 외국인 며느리에게 사투리까지?

〈다문화 고부(姑婦)열전〉은 EBS에서 방영된 프로그램이다. 이주민 여성(며느리)과 시어머니의 갈등을 다뤘다. 아무리 최선을 다하는 며느리라도 시어머니 마음에 흡족하지 않다. 애처롭고 마음이 불편하다. 가만히 보면 갈등의 원인이 세대 차이가 아니다. 국적과 문화의 차이도 아니다. 언어로 인한 갈등이 상당히 크다. 결혼하면서 배운 몇 개 단어와 몇 문장의 한국말로 통역 없이 실전이라니! 더구나 전국 사투리는 배운 적도 없지 않나? 가끔은 내가 들어도 이해되지 않는 말(사투리)들이 너무 많다. 언어의 장벽이 높다는 생각에 안타깝다.

1) 아이는 경제용어를 '들은 만큼' 이해한다

세상에 태어난 아이는 아직 미숙한 상태다. 외부로부터 다양한 자극을 받아야 신경이 발달한다. 뇌의 회로가 더 튼튼해진다. 청력은 태아 상태부터 발달이 시작된다. 임신 25주 정도밖에 안 된 태아가 외부의 큰 소리에 반응한다. 듣기를 먼저 시작한다. 듣기를 먼저 배운다. 많이 들은 아이가 많이 말한다. 정확하게 들은 아이가 정확한 말을 한다. 다양하게 들은 아이가 다양하게 말할 수 있다. 말이 유난히 빠른 아이들이 있다. 아이만 보고도 엄마를 알 수 있다. 대부분 수다스러운 엄마일 확률이 높다. 말이 말을 가르친다.

사람들과 소통에서 말의 역할이 매우 중요하다. 말이 느린 아이는 다른 문제들도 겪는다. 다른 사람과 소통이 원만하지 못하다. 특히 친구들과 어울려 놀기 힘들다. 말로 표현하지 못해 몸으로 반응한다. 큰 소리로 울음을 터뜨린다. 급한 마음에 폭력성을 드러내기도 한다. 말이 빠른 아이도 잘 살펴봐야 한다. 말을 상황에 맞게 잘해야 한다. 양질(良質)의 어휘를 사용하도록 가르쳐야 한다. 폭력적인 행동을 하거나 욕설하는 습관을 가진 아이는 어휘력이 문제다. 일시적인 훈육이나 인성 교육으로 해결되지 않는다. 빈약한 어휘력을 키워줘야 한다.

'오은영' 박사는 "부모의 생(生)목소리로 많은 말을 아이에게 들려주라"

고 권한다. 부모의 목소리로 책을 많이 읽어주라고 말한다. 언어는 하나의 매개체다. 부모와 아이가 소통하는 데 필요한 수단이다. 꼭 유아만의 문제가 아니다. 초등 시기 아이들도 마찬가지다. 어휘력의 크기가 관심의 크기다. 생각의 크기다. 이해의 크기다. 경제 어휘력이 경제에 관심을 집중시킨다. 경제 어휘력이 경제를 깊이 생각하게 한다. 경제 어휘력이 경제를 잘 이해하게 한다. 어휘력을 키우는 출발은 듣기다. 경제용어 훈련의 시작은 '경제용어 듣기'다.

아이에게 '경제용어를 들려준 적'이 있는가? 부모의 생목소리로 경제 기사를 읽어준 적이 있는가? 아이가 뱉고 있는 어휘의 양과 질은 그동안 들려준 단어의 양과 질에 비례한다. 아이를 부자로 키우고 싶은가? 아이에게 경제용어를 가르쳐라. 경제 신문을 읽어주라. 아이는 경제용어를 '들은 만큼 세상을 이해한다.' 아이가 경제용어를 분명하게 익힐 때까지 부모의 목소리로 읽어줘라. 반복해서 들려줘라. 기억하라. TV나 미디어는 소통의 도구가 아니라 소리의 도구일 뿐이다. 지금 필요한 아이의 '경제용어' 훈련에 큰 도움이 되지 않는다.

2) 아이는 경제용어를 '읽은 만큼' 이해한다

초등 아이를 둔 부모가 크게 고민하는 시기가 거의 비슷하다. 초등 3학년 무렵이다. 초등1-2학년 아이들의 학교생활은 부모에게 많이 의존적이다. 부모가 주도적으로 아이를 이끈다. 아이의 의도와 무관하다. 부모가 먼저 알림장을 확인하고 준비물을 미리 챙긴다. 학교 교과서에 등장하는 어휘도 많지 않다. 공부가 부담스럽지 않다. 3학년은 상황이 다르다. 갑자기 어휘가 1.5배 이상 많아진다. 양도 문제지만 뜻이 어려운 단어들이 등장한다. 아이의 학교생활이 힘들어진다. 부모의 고민도 함께 깊어진다.

심지어 아직 읽기 독립을 하지 못한 아이들도 많다. 왜 3학년 때까지 혼자 책 읽기가 어려운 것일까? 아이가 처음 글을 배울 때를 기억하는가? 글자가 만든 세상에 관심을 가진 아이는 책을 가까이한다. 책 속에서 익숙한 글자들을 찾고 놀이처럼 즐기며 글자를 배운다. 반면 강압적으로 글자를 외운 아이는 상황이 다르다. 글자를 읽는 것과 글을 이해하는 것은 다른 일이다. 어휘력이 문해력과 비례하지 않는다. 경쟁적으로 책을 읽은 아이는 내용을 이해하지 못한다. 책 속의 글자를 읽었다고 해서 책의 내용을 이해하는 것은 아니다.

어휘력이 친구도 결정한다. 아이들의 사춘기가 빨라졌다. 3학년 때부터 사춘기가 시작되는 아이들도 많다. 사춘기 아이들은 친구 관계가 중요하다. 사춘기 또래 문화에 어휘력이 영향을 많이 미친다. 말이 통하지 않는 친구와 어울릴 수 있는 아이가 몇이나 될까? 지금부터라도 아이에게 어휘력을 훈련하자. 아이가 '읽은 만큼' 이해한다. 소리 내어 스스로 '읽게 하라.' 날마다 경제 기사를 소리 내서 '읽도록 훈련'하라. 모르는 단어는 절대 그냥 넘겨선 안 된다. 아이가 경제 기사를 읽다가 발견한 낯선 단어는 반드시 정리하는 습관을 가르쳐라.

아이는 경제용어를 '읽은 만큼' 이해한다. 경제용어를 알아야 경제 흐름을 이해한다. 국제 관계도 이해한다. 경제 기사를 읽는 아이가 경제를 잘 아는 친구들과 어울린다. 경제용어를 정리하는 아이는 부자 친구들과 경제 흐름을 토론할 수 있다. 경제용어를 많이 아는 아이는 국제 관계와 경제를 설명할 수 있다. 어휘력이 아이가 사는 세상의 크기를 결정한다. 경제용어를 배워야 세상을 폭넓게 이해할 수 있다. 경제용어를 알아야 미래 세상을 예측할 수 있다. 아이에게 '경제 기사를 읽게 하라.' 경제 신문을 입에서 떠나지 않게 훈련하라.

3) 아이는 경제용어를 '베껴 쓴 만큼' 이해한다

아이에게 경제용어를 가르치는 또 하나의 방법으로 '베껴 쓰기'를 추천한다. 자수성가로 부자가 된 사람을 따라 '긍정 확언' 또는 '부자 선언문'을 '베껴 쓰기'가 인기다. 책에서 마음에 드는 긍정 확언을 '베껴 쓴다.' 어떤 사람들은 자기가 작성한 부자 선언문을 베껴 쓴다. 심지어 하루에 100번씩 '베껴 쓰기'도 한다. '베껴 쓰기'는 손으로 읽는 것과 같은 효과를 낸다. 우선 눈으로 읽는다. 입으로 소리 내서 읽는다. 입이 낸 소리를 귀로 들으며 읽는다. 손으로 쓰며 읽는다. 다양한 감각기관을 활용해 4번 읽기의 효과를 낸다.

초등 시기엔 새로운 어휘를 한 해에 500~6,000개씩 습득할 수 있다. 이 시기에 읽고 받아들인 어휘는 평생을 좌우한다. 어떤 글을 접하고 어떤 책을 읽느냐가 매우 중요하다. 아이를 부자로 키우고 싶은가? 경제용어를 가르쳐라. 경제용어를 효과적으로 가르치고 싶은가? 경제용어를 '베껴 쓰도록 훈련'하라. 어떤 경제용어를 '베껴 쓸 것'인가? 아이에게 경제 신문 '베껴 쓰기'를 시켜라. 경제 칼럼을 '베껴 쓰도록 노트를 준비'하라. 베껴 쓰기로 경제용어를 4배 더 효율적으로 가르칠 수 있다. 기억하자. 경제용어가 부(富)의 언어다.

칼럼은 매우 논리적인 글이다. 아이가 경제 칼럼을 '베껴 쓰면' 논리적인 글쓰기의 형태를 익힐 수 있다. 혹자는 칼럼만 잘 '베껴 써도' 글쓰기 실력이 늘어난다고 조언한다. 칼럼을 열심히 '베껴 쓰면' 집중력, 표현력, 논리력이 커진다. 다양한 장르의 글쓰기에도 효과를 볼 수 있다. 칼럼 베껴 쓰기는 4번 읽은 효과를 준다. 경제 지식이 해박해진다. '베껴 쓰기'로만 끝내지 마라. 경제 기사의 내용을 친구들이나 가족들에게 설명하게 해보라. 더 많은 정보를 체계적으로 정리할 수 있다. 오랫동안 기억한다.

어려운 경제용어도 자연스럽게 익힌다.

경제 기사나 칼럼 전체를 '베껴 쓰는 것'이 힘들 수도 있다. 요즘 아이들은 디지털 세대라 연필을 잡는 힘이 약하다. 글씨를 쓰는 기회도 적다. 갑자기 많은 글을 '베껴 쓰기'가 아이에게 부담이 된다. '기사의 헤드라인만 베껴 써도' 괜찮다. '경제 칼럼의 제목만 베껴 쓰기'라도 훈련하자. 아이가 경제를 잘 이해한다. 다양한 기사를 오래 기억한다. 경제 외에 다른 분야의 공부와 연결된다. 아이의 어휘가 늘고 사고력이 확장된다. 지식이 늘어난다. 아이의 손에서 경제용어가 떠나지 않게 훈련하자. '베껴 쓰기로 경제 어휘를 늘려 부(富)의 크기를 확장'시키자.

〈다문화 고부열전〉에 언어의 장벽 때문에 가족과 갈등하는 이주민 여성이 나온다. 안타깝고 답답하다. 사람들과 소통에서 언어가 가지는 힘이 크다. 부자와 소통하려면 부자 언어를 배워야 한다. 부(富)를 부르는 경제용어를 아이에게 가르치자. 아이가 경제용어를 '들은 만큼' 이해한다. 부모의 목소리로 경제 기사를 읽어주자. 경제 칼럼을 반복해서 들려줘라. 아이가 경제용어를 '읽은 만큼' 이해한다. 초등 3학년이 어휘력을 결정짓는 중요한 시기다. 어휘력이 친구 관계에 영향을 미친다. 경제 칼럼을 읽게 하자. 경제 기사가 아이 입에서 떨어지지 않게 하라. 아이가 경제용어를 '베껴 쓴 만큼' 이해한다. 노트를 준비하라. 베껴 쓰기는 4번 읽은 효과를 준다. 논리적인 경제 칼럼을 베껴 쓰게 하라. 아이의 늘어난 어휘가 부(富)를 늘린다.

내 아이 경제용어 익히기 Tip

1) 아이와 '매주 월요일마다 경제 칼럼에서 모르는 경제용어를 빨간 펜으로 체크'하자.(2Lv)

2) 아이와 '모르는 경제용어는 사전을 찾아 낱말 카드를 만들고 퀴즈 놀이'를 하자.(4Lv)

3) 아이와 '경제 노트에 하루 3가지, 경제 헤드라인 베껴 쓰기'를 시작해보자.(3Lv)

2

보험으로 미래 위험에 대비하게 하라

: '라푼젤'이 반드시 들어야 할 보험!

〈무엇이든 물어보살〉에 17살 딸과 50대 엄마가 출연했다. 딸은 "매달 내는 보험금이 많아서 아까우니 보험을 해지하라"고 말한다. 4명의 자녀를 둔 엄마는 "만약에 닥칠지 모를 불행한 일을 대비해야 한다"는 입장이다. 딸이 치매 보험과 간병인 보험을 문제 삼았다. "지금부터 운동하고 노력해서 치매를 예방하면 보험이 필요 없잖아요." 현실은 다르다. 치매는 원인도 정확하지 않고 아무도 피할 수 없다. 상담자가 딸에게 물었다. "네가 취업해서 활발하게 사회 활동하는데 엄마가 아프시면 다 포기하고 간병할 수 있어?" 딸은 웃으며 고개를 저었다.

1) 보험으로 '건강 문제에 대비할 수 있다는 것'을 가르쳐야 한다

보험은 재해와 사고로부터 나를 보호하는 도구다. 나를 위협하는 큰 불행으로부터 나를 지키는 도구다. 큰 경제적 손실에 대비해 미리 돈을 적립해 두는 것이다. 마치 안전모나 무릎 보호대와 같다. 아이에게 보호장비 없이 위험한 스포츠를 허락하는 부모가 있을까? 실내 암벽등반, 자전거, 인라인스케이트를 탈 때를 생각해보자. 반드시 아이에게 보호장비를 채운다. 과격한 놀이기구를 탈 때도 마찬가지다. 안전벨트가 없으면 놀이기구를 탈 수 없다. 보호장비나 안전벨트가 거추장스럽고 불필요한가? 그렇지 않다. 사고는 언제든 발생할 수 있다.

나만 잘한다고 피할 수 있는 것도 아니다. 사람은 누구나 늙는다. 나이가 들면 병에 걸릴 가능성이 커진다. 보험이 필요하다. 누구나 언젠가 죽는다. 평소에 대비해야 한다. 보험은 어릴 때, 건강할 때 준비한다. 나를 위해 대비한다. 가족들에게 피해가 가지 않도록 준비한다. 갑자기 중병에 걸리면 치료를 위해 큰돈이 필요하다. 병(病)으로 일까지 못 하면 생활비 문제가 생긴다. 가족이 간병도 해야 한다면, 가정 경제에 위기다. 보험은 이런 상황에서 나를 보호해준다. 내 가족을 보조하는 도구다.

아이의 이해를 돕기 위해 '심청전'을 예로 들어보자. 심청이 식구들은 2000년대 한국에 거주한다. 가족 모두 보험에 가입했다. 심청이 아빠(심학규)는 선천적 장님이었다. 심청이 할아버지가 아들(심학규)의 태아 보험을 미리 들었다. 심학규는 태어나면서 실명되었다. 장애 진단금을 받는다. 심청이 엄마(곽 씨 부인)은 어떠한가? 사망 원인은 산독증이라고 한다. 아이를 출산하고 7일 만에 사망했다. 곽 씨 부인은 (심청이) 태아보험에 산모 보장을 추가해 진단자금을 보장받을 수 있다. 수혜자는 심청이다. 가입한 생명보험에서 사망보험금도 지급받는다.

태어나면서부터 심학규는 장님이다. 아내는 아이를 낳고 사망했다. 심학규가 어린 딸을 젖동냥해서 키운다. 심학규는 장애인이다. 혼자 힘으로 할 수 있는 일이 거의 없다. 아무런 경제적 기반도 없다. 부인 없이 젖먹이 딸아이를 책임져야 한다. 심청이가 돈을 벌 수 있을 때까지 어떻게 살아야 할까? 심학규에게 보험이 있었더라면 밥을 굶고 동냥하러 다닐 정도로 비참하지 않았을 것이다. 보험을 활용해 원하지 않는 불행에 대비하자. 아이에게 보험으로 '건강 문제에 대비할 수 있다'는 것을 가르치자.

2) 보험으로 '사고 문제에 대비할 수 있다는 것'을 가르쳐야 한다

보험이 '심청이네'처럼 질병 문제만 보호하는 것은 아니다. 보험으로 보장받을 수 있는 경우가 많다. 사고가 발생했을 때도 보험이 도움이 된다. 노후된 설비 때문에 다리(bridge)가 무너질 수 있다. 비행기가 추락할 수도 있다. 엘리베이터가 추락하거나 에스컬레이터가 급정지할 수 있다. 자동차 급발진 사고도 종종 보도된다. 치아 골절이나 다리뼈에 금이 가도 보험에서 책임진다. 사고 이후 다양한 후유장애도 보장받을 수 있다. 심지어 나의 부주의로 가게에서 유리컵을 깨뜨린 경우도 보장받을 수 있다.

'경찰청'에서 만든 '교통안전 공익광고'가 있다. 한 해 교통사고로 목숨을 잃는 사람이 3,081명이나 된다. 하루에 8명이 넘는 사람이 교통사고로 사망한다. 건설업 현장에서 추락사고도 자주 발생한다. 제조업 현장에서 끼임 사고도 적지 않다. 산재사고로 한 해 약 200명이 사망한다. 사망하지 않았어도 사고로 부상을 입은 사람도 많다. 부상자 중에는 의식을 잃거나 심각한 신체적 장애가 남는 경우도 많다. 현장의 안전관리 상태가 불량한 까닭이다. 내가 잘한다고 안전이 보장되는 것이 절대 아니다.

아이에게 보험으로 '사고 문제를 해결할 수 있다는 것'을 가르쳐야 한다. 혹자는 보험이 일어나지도 않을 불행에 대비하는 것이라고 부정적으로 평가한다. 어떤 사람은 보험을 믿음 없는 사람들이 하는 낭비라며 폄훼한다. 물론 보험이 만능은 아니다. 원하지 않는 사고를 당했을 때를 대비하는 것이다. 어렵게 모은 재산을 잃을 수도 있다. 보험이 나와 가족을 좀 더 안전하게 보호할 수 있다. 경제적인 부담을 줄일 수 있다. 보험은 빠른 일상의 회복을 돕는 보조 수단이라는 것을 기억하자.

아이들이 좋아하는 애니메이션으로 예를 들어보자. 〈뽀로로와 친구들〉은 눈이 많은 지역에 산다. 낙상사고에 철저하게 대비해야 한다. 친구들과 얼음 위에서 놀다 골절 사고가 크게 날 수 있다. 〈겨울왕국〉에 등장하는 엘사와 안나도 마찬가지다. 〈라푼젤〉도 추락사고가 나지 않도록 늘 조심해야 한다. 〈꼬마버스 타요〉는 충돌사고에 주의해야 한다. 운전자 보험과 자동차 보험은 필수다. 〈알라딘과 요술램프〉에 알라딘도 운전자 보험이 필수다. 램프 분실의 위험에도 대비해야 한다. 〈모아나〉는 여행자 보험에 가입하면 안전하게 모험할 수 있다.

3) 보험으로 '재해 문제에 대비할 수 있다는 것'을 가르쳐야 한다

자연재해는 아무도 예상할 수 없다. 시기와 피해의 규모는 예측 불가능하다. 재해가 없는 곳은 없을까? 태풍 '힌남노' 침수 때문에 포항 지역의 피해가 크다. '산업통상자원부'의 중간 발표에 따르면 포스코의 매출 손실액이 2조 400억 원으로 추산된다고 한다. 공장을 완전히 복구하고 재가동하려면 2023년 1분기까지 기다려야 한다. 포스코 납품 기업의 매출 손실액도 약 2,500억 원으로 추정된다. 단순히 포스코와 납품 기업만의 문제가 아니다. 포항 지역의 상권에도 큰 영향을 미친다.

기후변화로 인한 재해의 위험이 점점 커지고 있다. 요즘은 자연재해로부터 재산을 지킬 수 있는 보험도 인기다. 많은 보험사에서 풍수해보험이 출시됐다. 지진, 태풍, 홍수, 호우, 강풍, 풍랑, 해일, 재해, 폭설로 인한 재해를 보상받을 수 있다. 보상 범위는 주택과 온실이다. 심지어 농작물 재해보험, 가축재해보험, 양식장 재해보험도 있다. 자연재해로 손실된 농작물과 가축, 어류를 보상하는 보험이다. 벼락에 의한 피해를 보상받을 수 있는 보험도 있다. 아이에게 보험으로 '재해 문제에 대비할 수 있다는 것'을 가르치자.

아파트나 빌라와 같은 건물에 화재가 발생하면 그 피해가 엄청나다. 더 이상 화재가 발생한 장소만의 문제가 아니다. 이웃 주민들의 재산뿐만 아니라 심한 경우 목숨을 빼앗기도 한다. 주택화재보험은 이런 피해로부터 도움을 받을 수 있다. 보험을 현명하게 활용해 재산과 미래를 지킬 수 있다. 보험이 만능은 아니므로 반드시 주의사항을 확인해야 한다. 매달 내는 보험료가 너무 많으면 가정 경제에 문제가 생길 수 있다. 막상 피해를 입었을 때 보상을 받을 수 없거나 보상 금액이 적을 수도 있다. 이런 주의사항도 아이에게 가르치자.

아이의 눈높이로 이야기해보자. 〈오즈의 마법사〉에서 도로시의 삼촌은 토네이도에 대비해야 한다. '인어공주'가 사랑한 왕자는 풍랑을 주의

해야 한다. '피노키오'를 만든 제페토 할아버지, 〈아기 돼지 삼 형제〉, 〈개구쟁이 스머프〉 마을은 화재(火災)의 위험을 대비해야 한다. 〈양치기 소년〉의 양(羊) 주인은 가축재해보험을 준비하면 든든하다. 보험은 불행의 위협을 막아주는 안전장치다. 아이에게 보험으로 '재해 문제에 대비'하고 '재산을 지킬 수 있다'는 것을 가르치자. 보험을 똑똑하게 잘 활용해 부(富)를 지키게 훈련하라. 아이가 행복한 부자가 될 것이다.

엄마와 딸은 보험에 대한 이해가 다르다. 보험은 위험에서 나를 보호하는 안전벨트와 같다. 넘어져도 다치지 않게 보호하는 안전모의 역할을 한다. 나와 가족을 위협하는 불행으로부터 안전하게 대피하자. 어렵게 모은 재산을 지킬 수 있는 똑똑한 보험 활용법을 아이에게 교육하자. 보험으로 '건강 문제에 대비할 수 있다'는 것을 아이에게 가르치자. 심청이네 식구들이 보험을 잘 준비했더라면 얼마나 좋았을까? 아이에게 보험으로 '사고 문제에 대비할 수 있다'는 것을 가르치자. 교통사고와 추락사고는 예고 없이 닥칠 수 있다. 보험으로 '재해 문제에 대비할 수 있다'는 것을 가르치자. 태풍 '힌남노'가 남긴 흔적과 재산상의 피해가 너무 크다. 보험을 잘 활용한 아이가 부(富)를 잘 지킬 수 있다.

보험 이해하기 Tip

1) 아이와 '우리 가족이 가입한 보험과 보장'에 대해 이야기해보자.(3Lv)

2) 아이와 '내가 신데렐라였더라면 어떤 보험에 가입했을까?' 이야기해보자.(3Lv)

3) 아이와 '선녀와 나무꾼의 가족은 한 달 보험료가 얼마나 됐을까?' 이야기해보자.(4Lv)

3

레버리지의 유용성을 가르쳐라

: '해와 달이 된 오누이'가 레버리지를 썼다고?

『해와 달이 된 오누이』의 줄거리다. 부잣집 일을 도와주고 고개를 넘던 엄마는 호랑이에게 잡아먹힌다. 엄마로 변장하고 오누이 집에 온 호랑이! 오누이는 엄마가 아닌 호랑이라는 걸 눈치챈다. 잽싸게 뒷문으로 나가 감나무에 올라간다. 오누이를 따라 호랑이가 나무에 올라오려고 한다. 기름을 바르고 올라왔다고 속여 호랑이를 따돌려보지만 시간이 지나자 호랑이도 나무에 따라 올라왔다. 오누이는 동아줄을 내려달라고 기도한다. 하늘에서 내려온 쇠 동아줄을 잡은 오누이는 하늘로 올라갔다. 썩은 동아줄을 잡은 호랑이는 떨어져 죽었다.

1) 레버리지는 '감나무'라는 걸 가르치자

사과나무에 사과가 주렁주렁 열렸다. 사과를 먹고 싶으면 어떻게 해야 할까? 사과나무 아래 입을 벌리고 앉아 기다릴까? 좀 더 많이 먹으려면 바구니를 가져다 나무 아래 두면 될까? 아무리 기다려도 사과가 입 속으로 떨어지는 일은 없다. 스스로 떨어지는 사과로 바구니를 채우는 건 불가능에 가깝다. 사과를 따줄 사람을 기다려보자. 나보다 더 키 큰 사람이 나타나면 해결할 수 있다. 오래 기다려도 아무도 지나가지 않는다. 어쩌다 지나가는 사람은 키가 작다. 이런 상태로 오래 버텨도 사과를 먹을 수 없다.

'레버리지(leverage)'를 써야 한다. 레버리지의 사전적 의미는 '다른 사람의 자본을 지렛대처럼 이용해 자기 자본의 이익률을 높이는 것'이다. 지렛대 효과라고도 부른다. 사과나무 아래에서 굶어 죽을 수도 있다. 사과를 올려다봐도 해결되지 않는다. 『해와 달이 된 오누이』로 돌아가보자. 오누이는 엄마를 잃었다. 호랑이는 오누이를 잡아먹기 위해 집으로 찾아왔다. 배고픈 호랑이는 엄마를 흉내 내며 오누이에게 다가온다. 호랑이는 엄마가 아니다. 오누이가 호랑이를 알아봤다. 오누이에게 위기 상황이다. 도와줄 사람도 없다.

오누이가 발견한 것은 감나무다. '레버리지는 감나무'다. 오누이는 호랑이를 피해 감나무에 올랐다. 감나무는 호랑이라는 위험으로부터 오누이를 지켜준 레버리지다. 감나무는 경제 위기라는 호랑이를 피하게 한다. 감나무는 경제 문맹으로부터 목숨을 지켜준다. 아이가 부자가 되길 원하는가? 아이에게 '레버리지가 감나무'라는 걸 가르치자. 오누이가 감나무에 올랐을 때 목숨을 지킬 수 있었다. 생존을 위한 시간을 확보할 수 있다. 레버리지는 시간을 아껴준다. 레버리지는 경제 위기에서 나와 아이의 목숨을 지킬 수 있는 안전한 장치다.

자본주의에서 감나무는 다양하다. 나와 아이의 자산을 키워줄 수 있는 지렛대를 찾아보자. 짧은 시간에 부(富)를 키울 수 있는 레버리지를 찾아보자. 사과나무에서 떨어지는 사과를 기다리던 습관을 멈추자. 직접 찾아 나서야 한다. 키가 큰 사람을 찾아 데려와야 한다. 지팡이나 장대라도 가져와야 한다. 나 대신 사과를 따줄 사람이 필요하다. 사과를 딸 도구가 필요하다. 키가 큰 사람의 도움을 받는 것이 레버리지다. 사과를 따기 위해 나무를 흔들 장대가 레버리지다. 아이에게 레버리지를 가르쳐라. '레버리지는 감나무'라는 사실을 강조하라.

2) 레버리지는 '도끼'라는 걸 가르치자

아이에게 레버리지를 가르치고 싶은가? 부(富)를 키우기 위해 레버리지를 잘 활용하도록 훈련하라. 레버리지는 지렛대를 활용하는 것이다.

아이에게 '레버리지는 도끼'라는 걸 가르치자. 오누이는 감나무에 올라가기 위해 도끼를 사용한다. 도끼로 나무를 찍었다. 나무에 찍힌 도끼 자국을 한 발씩 딛고 감나무에 올라갔다. 도끼는 오누이를 재빠르게 나무에 오를 수 있게 도와준 레버리지다. 도끼 덕분에 호랑이를 따돌리고 안전한 곳으로 대피했다. 도끼 덕분에 빨리 안전한 곳에 머물렀다. 도끼가 오누이에게서 호랑이를 떨어뜨렸다.

주위를 둘러보자. 아이가 빨리 감나무에 오를 수 있는 레버리지를 찾아보자. 내 아이의 도끼는 무엇인가? 부(富)에 도착할 시간을 줄여주는 지렛대다. 낮은 금리를 잘 활용하면 은행의 대출도 레버리지다. 기대수익이 금리보다 높을 때는 대출을 레버리지로 활용하면 짧은 시간에 자산을 늘릴 수 있다. 자수성가한 부자의 책도 레버리지다. 전문가의 세미나도 레버리지다. 세탁소에 옷을 맡기는 것, 청소대행업체에 청소를 의뢰하는 것도 마찬가지다. 식당에서 요리사의 요리를 사 먹으면 시간을 아낄 수 있다. 빨리 감나무로 대피시켜주는 도끼다.

호랑이는 금융 문맹이라는 무지(無知)다. 호랑이는 경제 파산이라는 위협이다. 호랑이는 죽음이라는 위험이다. 오누이는 레버리지로 안전한 감나무에 도착했다. 호랑이는 엄마를 잡아먹었다. 오누이도 방 안에 갇혀 잡아먹힐 뻔했다. 드디어 호랑이에게서 벗어났다. 호랑이와 떨어져 있다. 일단 몸을 피했지만 일시적이다. 호랑이는 계속해서 오누이를 따라온다. 배가 고픈 호랑이는 점점 더 무섭게 뒤를 쫓는다. 오누이에게 감나무가 언제까지 안전을 지켜줄지 모른다. 호랑이도 감나무에 오르려고 안간힘을 쓴는다.

중요한 것은 지금부터다. 오누이는 멈추지 않았다. 오누이는 하늘을 보고 기도했다. 호랑이를 따돌릴 안전한 곳으로 하늘을 선택했다. 아무리 무서워도 감나무에서 뛰어내리지 않았다. 어차피 죽게 될 몸이라고 포기하지 않았다. 무시무시한 호랑이와 타협하지 않았다. 오누이는 하늘에 올라가고 싶었다. 어떻게든 하늘에 올라갈 방법을 찾았다. 아직 나무에 못 올라온 호랑이보다 더 빨리 더 높은 곳에 가고 싶었다. 완전한 안전과 자유를 원했다. 오누이는 하늘을 보며 새로운 레버리지를 구(求)했다.

3) 레버리지는 '쇠(鐵) 동아줄'이라는 걸 가르치자

오누이를 도와준 세 번째 레버리지는 '쇠(鐵) 동아줄'이다. 오누이가 하늘을 향해 살려달라고 기도했다. 하늘로 올라갈 수 있게 동아줄을 내려달라고 빌었다. 절대 끊어지지 않는 단단한 쇠 동아줄을 내려달라고 구했다. 하늘에서 동아줄이 내려왔다. 정말 튼튼한 동아줄이 오누이 앞에 멈췄다. 오누이는 동아줄을 꽉 붙잡았다. 동아줄은 서서히 하늘로 올라갔다. 점점 높이 더 높이 올라갔다. 아이에게 '쇠 동아줄이 레버리지'라는 것을 가르쳐라. 쇠 동아줄이 오누이를 호랑이의 위협으로부터 더 멀고 안전하게 도와줬다.

『레버리지』의 저자 '롭 무어(Rob Moore)'는 '30살에 부를 거머쥔 백만장자'다. 여러 차례 사업에 실패해 빚더미에 올랐다. 500명의 자수성가한 백만장자를 만나서 연구했다. 백만장자들의 공통점을 찾고 자본주의의 중요한 원리를 터득한다. '롭 무어'는 최단 시간에 엄청난 부(富)의 주인공이 된다. 레버리지 덕분이다. 아이에게 '레버리지가 쇠 동아줄'이라는 걸 가르쳐라. 튼튼한 레버리지가 오누이를 하늘로 높이 끌어 올렸다. 쇠 동아줄이 없었더라면 오누이는 호랑이에게 먹혔다. 호랑이에게 먹힐 것인가? 호랑이를 먹을 것인가?

쇠 동아줄은 오누이를 경제 파산의 위험에서 탈출시켰다. 생존을 위협하는 호랑이로부터 자유의 몸이 되었다. 쇠 동아줄은 자본주의를 아이의 편으로 만들어준다. 부자는 쇠 동아줄을 자기편으로 만든 사람들이라는 것을 아이에게 가르쳐라. 쇠 동아줄은 자유와 행복을 선물한다. 쇠 동아줄이 레버리지다. 쇠 동아줄이 내려왔을 때 꽉 붙잡아야 한다. 내 아이도 하늘로 올라갈 수 있다. 아이가 쇠 동아줄을 꽉 붙잡도록 훈련하라. 레버리지를 알지 못하면 활용할 수 없다. 기억하자. 부자들은 레버리지를 이용해 최단 시간에 부(富)를 모은 사람들이다.

여기서 잠깐! 호랑이도 레버리지를 사용했다는 사실을 아는가? 호랑이도 '감나무'에 오르려고 '기름'을 레버리지로 사용했다. 호랑이도 하늘로 올라가려고 '동아줄'을 붙잡았다. 호랑이가 사용한 레버리지는 '기름'과 '(썩은)동아줄'이었다. 기억하라. 잘못 선택한 레버리지는 '감나무'에서 미끄러지게 한다. 올라가는 걸 방해한다. 하늘에서 떨어지게 한다. 레버리지가 오누이는 하늘로, 호랑이는 땅으로 이끌었다. 아이가 레버리지를 잘 활용할 때 큰 부(富)는 아이 편이 될 것이다. 꽉 잡은 '쇠 동아줄'이 아이의 부(富)에 가속도를 높일 것이다.

『해와 달이 된 오누이』라는 전래동화를 통해 자본주의 레버리지를 이해할 수 있다. 레버리지는 남의 자본을 빌려 내 자본을 키우는 지렛대다. 아이를 부자로 키우고 싶은가? 부자들의 성공 열쇠인 레버리지를 가르쳐라. 아이에게 레버리지는 '감나무'라는 걸 가르쳐라. 호랑이에게 잡아먹힐 위기에 놓인 오누이는 감나무에 올라갔다. 아이에게 레버리지는 '도끼'라는 걸 가르쳐라. 오누이는 도끼로 나무를 찍어 재빨리 감나무에 올랐다. 호랑이로부터 안전한 곳으로 빨리 이동했다. 아이에게 레버리지는 '쇠 동아줄'이라는 걸 가르쳐라. 쇠 동아줄이 오누이를 하늘로 높이 끌어올렸다. 하늘엔 완전한 자유와 행복이 있다. 호랑이도 레버리지를 썼다.

호랑이가 쓴 레버리지는 넘어뜨리고 떨어뜨렸다. 잘 선택한 레버리지는 기회다. 레버리지로 참 자유를 누리도록 가르쳐라. 아이가 행복한 부자가 될 것이다.

내 아이 부자 마인드 기르기 Tip

1) 아이와 '해와 달이 된 오누이(전래동화)'를 읽어보자.(2Lv)
2) 아이와 '레버리지로 아낀 시간을 무엇에 투자(집중)할지'를 이야기해보자.(3Lv)
3) 아이와 '호랑이도 쇠 동아줄을 잡았다면 오누이의 다음 레버리지는 무엇이었을까?'를 생각해보자.(3Lv)

4

부동산이 살아 있다는 것을 가르쳐라

: '마인 크래프트', 집짓기 열풍!

어느 마을에 게으른 거북이가 살았다. 거북이는 집에서 잠자기를 가장 좋아했다. 어느 날 집 밖이 소란스러워 잠을 잘 수 없었다. 지나가던 다람쥐들과 토끼가 산신령의 생일잔치에 가는 중이라고 했다. 거북이에게도 늦지 않게 서두르라고 했다. 잠시 고민하던 거북이는 집으로 달려가 다시 잠을 잤다. 자신의 생일에 거북이가 오지 않은 것을 발견한 산신령이 거북이를 불렀다. 자초지종을 들은 산신령은 어디서든 잘 수 있도록 거북이에게 멋진 집을 선물했다. 게으른 거북이는 무거운 집을 평생 짊어지고 살게 되었다.

1) 부동산은 '똑같은 자리'에 고정된다

저녁을 먹고 동네를 산책하다 편의점에서 잠을 자는 두 명의 아이를 봤다. 한 명은 9살, 한 명은 6살 정도로 보이는 남자아이들이었다. 다음 날도 아이들이 편의점에 앉아 있는 모습을 봤다. 아이들끼리 편의점에 있기 늦은 시간이라 관심을 가졌다. 일주일 동안 같은 시간에 편의점을 지나칠 때마다 아이들을 볼 수 있었다. '집이 비었나? 부모님이 어디 가셨을까?' 궁금했다. 알고 보니 아이들이 '포켓몬 빵'을 기다리고 있었다. 하루에 3개 들어오는 빵을 사려고 학교에서 바로 편의점으로 달려온 것이다.

2022년 대한민국을 뜨겁게 달군 상품이 있다. 'SPC삼립'에서 출시한 '포켓몬 빵'이다. '2월 출시 이후 40여 일 만에 1,000만개 이상 팔렸다'고 한다. 빵보다 '띠부띠부씰'이라는 스티커가 '포켓몬 빵 열풍'의 주된 이유였다. 다양한 '띠부띠부씰'을 모으려는 사람들로 '포켓몬 빵'을 구입하기가 거의 불가능해졌다. 아이들의 '띠부띠부씰' 모으기 프로젝트를 위해 어른들이 나서기도 했다. 엄마, 아빠, 고모, 이모, 삼촌은 물론 할머니, 할아버지도 동원됐다. 어른들은 슈퍼마켓, 편의점, 대형할인점을 찾아 발품 팔기와 줄서기에 나섰다.

부동산의 사전적 의미는 '움직여 옮길 수 없는 재산'이다. 토지와 건물,

수목(樹木) 등이 여기 해당한다. 내비게이션으로 검색할 수 있는 것들이 부동산이다. 지번 주소를 예로 들 수 있다. 대한민국의 경우 인구의 수(數)에 비해 땅덩어리가 좁다. 상대적으로 땅의 가치가 다른 나라에 비해 높다. 대도시, 인구 밀집 지역의 경우 단위면적당 땅값이 몇 배다. 많은 사람들이 부동산에 관심을 가지고 앞다퉈 투자하는 이유다. 심지어 활용하기 힘든 산(山)이나 모래사장을 낀 바닷가 토지마저 매매가 가능하다.

'띠부띠부씰'이 들어 있는 '포켓몬 빵'을 파는 슈퍼마켓, 편의점, 대형할인점도 부동산이다. 부동산은 이동하지 않는다. '포켓몬 빵'을 파는 장소에 대한 정보만 있으면 찾아갈 수 있다. 빵을 파는 가게 자체가 이동하지 않는다. 아침에 방문하든, 저녁에 방문하든 가게는 같은 자리에 있다. 아이에게 부동산은 고정되어 있다는 것을 가르쳐라. 아이의 부동산 교육의 첫 출발이다. 지번 주소만 알면 찾을 수 있다. 위치만 알면 쉽게 갈 수 있다. '포켓몬 빵'을 사러 들렀던 편의점에 더 큰 관심을 보일 것이다. 부동산을 체계적으로 교육할 기회로 삼을 수 있다.

2) 부동산은 '좌우로' 움직인다

사람들은 목적에 따라 다양한 부동산을 소유한다. 고가(高價)의 이익을 얻을 투자 상품으로써 가치가 높다. 토지, 주택, 아파트, 상가 등 다양한 부동산이 존재한다. 특별히 대도시, 개발지역의 인기는 식지 않는다.

다른 투자 상품에 비해 부동산은 오랜 시간이 필요하다. 기회를 잘 잡으면 기다린 시간에 비례해 이익을 얻을 수 있다. 대한민국에서 흙수저에서 부자가 된 사람들은 부동산에 투자한 경우가 많다. '부동산 불패'라는 말이 등장한 것도 이 때문이다. 어떤 부모들은 자녀들을 현장에 데리고 다니며 부동산에 대한 감각을 키우기도 한다.

초등학생들에게 인기 있는 스마트폰 게임의 종류가 참 많다. 아이들과 소통하려고 게임에 도전하면서 놀랄 때가 많다. 얼마 전 아이들로부터 '마인 크래프트'에 대해 특강을 들었다. 게임이 부동산의 원리와 너무 닮았다. '마인 크래프트'에는 사람과 몬스터가 등장한다. 사람들은 땅을 파서 광물(鑛物)을 채굴한다. 에너지가 줄어들고 배가 고프면 동물을 잡아먹는다. 수시로 나타나는 몬스터들의 공격을 잘 막아야 한다. 점차 채굴한 광물이 늘어나자 사람들이 건물을 짓기 시작했다. 각자 자기만의 방식으로 다양한 건물을 짓는다.

소유한 광물의 양에 따라 건물의 크기, 모양, 수도 다양하다. 마음에 들지 않으면 이동해 새로 짓기도 한다. 다른 땅을 찾고 채굴을 시작한다. 어느 정도 광물을 모으면 또 새로운 건물을 짓는다. 자신이 원하는 위치를 차지하는 것이 핵심이다. 팀을 이뤄 함께하기도 한다. 이쯤 되면 게임을 통해 부동산의 원리를 터득할 수 있지 않을까? 아이들의 게임을 제지하기 전에 소통과 교육의 도구로 활용해보자. 아이에게 부동산이 '좌우로' 움직인다는 것을 가르치자. 무엇 때문에 이동하는지 알려줘라. 인기 있는 부동산의 특징을 스스로 생각할 기회를 줘라.

아이가 '포켓몬 빵'을 사려고 편의점에 들렀는데 빵이 없다면? 다른 가게를 찾아 이동한다. 아무리 단골 매장이라도 사고 싶은 '포켓몬 빵'이 없으면 소용없다. 다른 매장에 간다. 교통의 편리성, 직장과의 거리, 주변 편의시설, 아이의 학군의 중요성을 이해시키자. 아이가 부동산을 일찍 이해할수록 유리하다. 부동산의 '좌우로' 이동을 이해한 아이가 현명한 부동산 전문가로 성장할 수 있다. 주변 시장의 상황을 분석할 지식이 쌓인다. 다양한 훈련과 공부를 통해 부동산의 미래를 예측할 힘이 생길 것이다.

3) 부동산은 '위아래로' 움직인다

몇 주 전 예배 후에 아이들이 둥글게 모여 앉아 깔깔거리며 웃고 있었다. 무슨 일인가 궁금해 아이들에게 다가갔다. 7살 동생의 게임 실력을 형들이 칭찬하고 있었다. "전도사님, 명석(가명)이 게임 실력이 프로 게이머 수준이에요." 명석이는 두 손으로 스마트폰을 감싸고 바쁘게 엄지 손가락을 움직이고 있었다. 세상에! 달인을 연상시키는 손가락 놀림이었다. 아이가 도전한 게임은 '무한의 계단'이었다. 심지어 빙긋이 웃는 여유까지 보였다. 당황하지 않고 대처하는 명석이의 순발력에 감탄사가 저절로 나왔다.

'무한의 계단' 게임으로 아이들과 대결을 한 적이 있다. 땅바닥에서 출발해 계단을 하나씩 밟아 계속 올라가면 된다. 다음 계단의 방향이 어느 쪽으로 정해질지 모른다. 무작위로 펼쳐지는 계단에 재빨리 올라야 한다. 발을 잘못 디디면 바닥으로 떨어져 게임이 끝난다. 고도의 집중력이 필요하다. 속도와 정확성이 생명이다. 부동산도 마찬가지다. 부동산은 '위아래로' 움직인다. 정해진 땅을 더 효율적으로 이용하려고 건물을 높이 올린다. 인기도에 따라 부동산의 가격이 위로 오른다. 부동산 매매는 상승(上乘) 속도와 정확한 타이밍이 핵심이다.

어떤 '띠부띠부실' 스티커의 가격이 빵값의 몇 배나 된다는 이야기를 들었다. 인기 스티커는 없어서 구하지 못한다고 했다. 스티커의 개수에 비해 가지고 싶어 하는 사람이 많은 까닭이다. 부동산도 마찬가지다. 인기 지역은 제공된 부동산 물량은 적지만 사고 싶어 하는 사람이 많다. 가격이 '수직으로' 상승한다. 돈이 없으면 은행에서 대출을 받아서라도 원하는 부동산을 산다. 최근 몇 년 동안 은행 이자가 낮았다. 집을 살 기회라고 생각한 사람들이 쉽게 대출을 받았다. '무한의 계단'에서 신기록을 세우려고 위만 바라본 것과 같다. 오르기만 한 것이다.

기억하는가? 발을 잘못 디디면 떨어진다. 다시 바닥에서 오르기 시작해야 한다. 현실에서도 이와 유사한 일이 벌어졌다. 2022년 단기간에 금리(金利)가 큰 폭으로 인상됐다. 은행 이자 부담이 너무 커졌다. 대출받은 사람들이 집을 되팔아 빚을 정리하려고 시도했다. 집값이 너무 많이 떨어졌다. 이제 매매도 이뤄지지 않는다. 꾸준한 부동산 공부가 중요하다는 것을 깨우쳐준다. 충분한 지식 없이 섣불리 부동산을 구입하면 안 된다. 부동산 큰 흐름을 이해해야 한다. 부동산은 오르기도 하지만 내리기도 한다는 사실을 아이에게 가르치자.

'집을 짊어지게 된 거북이' 이야기는 우리에게 부러움을 자아낸다. 무거워도 좋으니 내 집 한 채 있었으면 하는 마음이 든다. 대한민국에서는 부동산이 큰 과제다. 아이에게 부동산을 가르쳐야 하는 이유다. 아이에게 부동산은 '똑같은 위치에 고정'된다는 것을 가르치자. 아이가 '띠부띠부씰'을 모으려고 포켓몬 빵을 사려면 편의점에 간다. 편의점은 언제 가도 같은 위치에 있다. 아이에게 부동산은 '좌우로' 움직인다는 것을 가르쳐라. 단골 매장이어도 원하는 빵을 살 수 없으면 다른 가게로 이동한다. 아이에게 부동산은 '위아래로' 움직인다는 것을 이해시켜라. 소장 가치가 높은 스티커는 고가(高價)에 거래된다. 기억하라! 일찍이 부동산을 배운 아이가 현명한 부자가 될 수 있다.

부동산 이해하기 Tip

1) 아이와 2가지 지도 앱으로 우리 집을 '지번'으로 찾아보자.(2Lv)

2) 아이와 '마인 크래프트' 게임 대결을 해보고 부동산의 원리를 설명해주자.(4Lv)

3) 아이와 부동산 앱으로 우리 동네에서 '평당 가격이 가장 비싼' 아파트를 찾고, 그 이유를 이야기해보자.(5Lv)

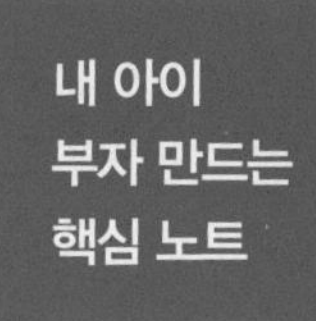

Part 7. 부자 아이는 금융을 이해한다

1 경제용어, 아는 만큼 이해한다

1) 아이는 경제용어를 '들은 만큼' 이해한다
2) 아이는 경제용어를 '읽은 만큼' 이해한다
3) 아이는 경제용어를 '베껴 쓴 만큼' 이해한다

2 보험으로 미래 위험에 대비하게 하라

1) 보험으로 '건강 문제에 대비할 수 있다는 것'을 가르쳐야 한다
2) 보험으로 '사고 문제에 대비할 수 있다는 것'을 가르쳐야 한다
3) 보험으로 '재해 문제에 대비할 수 있다는 것'을 가르쳐야 한다

3 레버리지의 유용성을 가르쳐라

1) 레버리지는 '감나무'라는 걸 가르치자
2) 레버리지는 '도끼'라는 걸 가르치자
3) 레버리지는 '쇠(鐵) 동아줄'이라는 걸 가르치자

4 부동산이 '살아 있다는 것'을 가르쳐라

1) 부동산은 '똑같은 자리에' 고정된다
2) 부동산은 '좌우로' 움직인다
3) 부동산은 '위아래로' 움직인다

11-21
WAL
BROAD

어휘력이 아이가 사는 세상의 크기를 결정한다.
경제용어를 배워야 세상을 폭넓게 이해할 수 있다.
경제용어를 알아야 미래 세상을 예측할 수 있다.

Part 8

부자 아이는 똑똑한 부모가 만든다

1

엄마, 경제를 배워본 적 있나요?

: 장사의 신을 모른다고?

『나는 장사의 신이다』의 저자 '은현장' 대표는 작가이자 사업가다. 구독자가 68만 명이 넘는 유튜브 창작자(크리에이터)다. 유튜브 '장사의 신'을 통해 어려운 자영업자를 컨설팅한다. 매출은 나오지 않고 빚더미에 힘들어하는 자영업자들의 사연을 외면하지 않는다. 직접 방문해 음식을 먹어보고 세세하게 진단한다. 문제점과 해결 방안을 코칭한다. 컨설팅 이후에 대부분 매출이 오르고 성장한다. '은 대표'의 많은 경험과 사업 노하우가 컨설팅에 녹아 있다. 컨설팅 덕분에 폐업 위기에서 벗어난 자영업자들이 다른 영업장을 후원하기도 한다.

1) 나(부모)에게 '좋은 모델'이 없었다

초등학생 아이를 둔 집에 방문하면 전집(全集)으로 갖춘 책이 있다. 인물전집 혹은 위인(偉人)전집이다. 세상에 많은 영향을 미친 훌륭한 사람들의 책이다. 뛰어난 업적을 남겨 유명해진 사람들의 이야기다. 아이에게 '이렇게 큰 인물이 되었으면 좋겠다'는 바람을 담아 읽게 한다. 종종 아이들에게 묻는다. "너는 어떤 사람이 되고 싶니?" "의사요." "장군이요." "대통령이요." "사업가요." 다시 묻는다. "그래? 어떤 장군?" "몰라요. 그냥 장군" 심지어 이런 아이도 있다. "몰라요. 그냥 의사. 엄마가 돈 많이 번다고 의사 하래요." 아뿔싸!

아이들이 위인전을 읽고 감동도 받고 충분히 생각할 시간이 없는 모양이다. 읽고 줄거리를 파악하기 바쁘다. 한 권 더 읽어내기 바쁘다. 위인전이 일종의 직업과 진로 안내서 역할을 한다. '어떻게'라는 부분은 놓치고 살아간다. 어른들도 마찬가지다. '어떤 삶을 살 것인가?'를 생각할 겨를이 없다. '좋은 모델'이 없다. 본받고 싶은 어른도, 따라 하고 싶은 삶의 방법도 없다. "우리 엄마처럼 살지 않을 거예요." "우리 아빠 같은 사람 만나기 싫어요." 상담하다 보면 청소년들이 자기 부모를 비하(卑下)하거나 혐오하는 경우가 제법 많다.

막연하게 무엇인가 '하고 싶다. 되고 싶다. 만나고 싶다.'라는 기대는 많다. 중요한 건 '어떻게'를 놓치고 살아간다. 지금 내가 경제적으로 더 큰 부(富)를 이루지 못한 이유가 무엇일까? 경제를 잘 몰라서 부자가 되지 못했다. 경제 교육을 받아본 적이 없는 까닭이다. 특별히 '어떻게'라는 방법을 누구에게도 배워본 적이 없다. 바꿔 말하면 '좋은 모델'이 없었다. '은 대표'가 컨설팅한 자영업자들에게 공통점이 있다. 장사를 하기 전 '좋은 모델'이 없었다. 가게를 창업했지만 '어떻게 매출을 올릴지'에 대한 '좋은 모델'이 없었다.

조용한 곳을 찾아 자리를 잡고 앉아보자. 종이와 펜을 들고 '어떤 삶'을 살고 싶은지 적어보자. 구체적인 계획과 전략을 세워보자. '좋은 모델'을 찾아보자. 직접 만나기 어려운 인물이어도 괜찮다. 서점에서 관련된 책을 사면 된다. 유튜브 영상이나 세미나도 가능하다. 가령 유튜브로 큰 수익을 창출하고 싶다면 유튜브로 성공한 '모델'을 책으로 만나자. 부동산으로 경제 독립을 하고 싶다면 부동산 성공 '모델'을 만나면 된다. '좋은 모델' 없이 살아온 어제가 실패는 아니다. '좋은 (경제) 모델'을 만나 진단받고, 컨설팅받으면 오늘부터 성공 시작이다.

2) 나(부모)에게 '좋은 경험'이 없었다

운전학원에서 운전을 배울 때 강사 선생님이 하신 말씀이 생각난다. "사고 나는 걸 겁내지 마세요. 그냥 편하게 운전하세요." 여성들보다 남성들의 사고가 더 큰 문제라고 하셨다. 선생님께서 말씀하신 운전자들의 사고 경험은 다음과 같다. 사고의 빈도는 여성들이 높다. 남성들은 거의 사고를 내지 않는다. 여성들은 작은 충돌사고가 많다. 경험 미숙으로 생긴 작은 사고들이 대부분이다. 남성들의 사고는 다르다. 남성 운전자들은 한번 사고가 나면 대형 사고로 이어진다. 심한 경우 생명을 잃기도 한다.

사고가 나지 않는 것이 중요한 것이 아니다. 사고가 나더라도 안전을 위한 대처 요령을 배우는 것이 더 중요하다. 잦은 사고는 오히려 안전 교육의 기회가 될 수 있다. 경제도 마찬가지다. 부자가 되지 못한 이유도 이와 비슷하다. '경험'의 부족이 원인이다. '좋은 경험'이 없어서 부자가 되지 못했다. 좋지 않은 물건을 비싸게 사본 '경험', 받은 용돈을 하루 만에 다 쓴 '경험' 말이다. 오랫동안 돈을 모아서 가지고 싶었던 물건을 산 '경험', 돼지 저금통을 뜯어서 친구들과 아이스크림을 사 먹은 '경험'은 어떤가?

엄마 손잡고 은행에 가서 내 통장을 만든 '경험', 용돈이 생길 때마다 은행으로 달려가 예금한 '경험'은 있는가? 조금씩 돈을 모아 아빠 면도기를 사 드린 '경험', 정기 적금으로 모은 목돈으로 배낭여행을 다녀온 '경험'도 필요하다. 다양한 소비 '경험'과 저축 '경험', 기부 '경험'이 쌓여야 돈을 현명하게 관리할 수 있다. 여러 돈가스 매장에서 사 먹어본 사람이 돈가스 사업으로 성공할 수 있다. 인기 매장은 무엇이 다른지, 어떤 메뉴가 맛있는지, 식감은 어떤지를 직접 맛본 '경험'이 중요하다.

경제도 마찬가지다. 나(부모)의 '경제 경험'이 아이의 경제 교육에 영향을 미친다. 많이 사본 사람이 잘 산다(소비한다). 잘못한 소비는 반면교사 삼을 수 있다. 잘한 소비는 아이에게 '좋은 모델'이 될 수 있다. 저축과 투자도 마찬가지다. 나부터 경제에 '좋은 경험'을 실천하자. 소비에 '좋은 경험'을 시도하자. 저축에 '좋은 경험'을 늘리자. 어떤 투자가 '좋은 경험'이 될 수 있을지 전략적으로 실천하자. 나는 경제 교육을 받지 못했더라도 괜찮다. 내가 오늘 실천한 '좋은 경험'이 아이에게 '좋은 모델'과 '좋은 경험'이 될 수 있다.

3) 나(부모)에게 '좋은 방법'이 없었다

기계를 사면 '상품 사용 설명서(매뉴얼)'가 들어 있다. 제조사, 품질 보증 기간, 사용 방법, 주의 사항, 고장 해결법, AS 연락처가 적혀 있다. 바르는 연고, 붙이는 파스, 두통약, 배탈약 같은 가정용 상비약도 마찬가지다. 제조원, 성분, 보관법, 복용(사용)법, 주의 사항, 유통기한이 자세히 적혀 있다. 우유, 치즈, 빵, 과자, 두부, 식초 같은 가공된 식품도 똑같다. 사람들은 '상품 사용 설명서'를 거의 보지 않는다. 약품이나 식품 설명서도 확인하지 않는다. 나중에 문제가 생기면 비로소 한 번 들여다본다.

개인이나 가정 경제도 '사용 설명서'가 있으면 얼마나 좋을까? 한편 '사용 설명서'가 없어도 상관없다는 생각도 든다. 어차피 있어도 '기계 사용 설명서'처럼 고장이 나야 찾지 않았을까? 내(부모)가 더 큰 부(富)를 갖지 못한 것이 이 때문이다. 내게 '좋은 방법'이 없었다. 자본주의 시장 경쟁에서 이길 '좋은 방법', 과대광고로부터 내 지갑을 지킬 수 있는 '좋은 방법'을 몰랐다. 복리의 마법을 활용해 짧은 시간에 투자금을 키울 '좋은 방법'을 아무도 가르쳐주지 않았다. 부자들이 부를 키우는 '좋은 방법'을 어디서도 배워본 적이 없다.

걱정하지 말자. 고려대학교 '허태균' 교수는 '사회심리학자'다. '허 교수'의 〈어쩌다 어른〉 강의에서 한 장면이 기억에 남는다. "한국 사람처럼 기계를 본래의 기능을 넘어서 사용하는 사람은 없다"고 한다. "한국인은 뭐든 본전을 찾고도 남을 만큼 쓴다. 150%로 활용한다"는 내용이었다. 부자를 따라 본전을 찾고도 남을 '좋은 방법'을 실행하자. 한국인의 근성(根性)을 발휘해 자본주의 경제를 150%로 활용할 '좋은 방법'을 찾아보자. 아이가 더 이상 엄마의 실수를 실패로 받아들이지 않게 하자.

'은 대표'를 만난 자영업자들은 '일취월장(日就月將)'한다. 종종 '은 대표'는 유튜브 구독자들에게 '이벤트' 소식을 공지하고 현장에서 직접 진행한다. 날짜와 시간을 정해 공지하면 구독자들과 후원자들이 모인다. 과거에 '은 대표'에게 컨설팅받아 매출에 성공한 선배 자영업자들도 조리와 서빙을 돕는다. 먼저 터득한 '좋은 방법'을 현장에서 자연스럽게 전수하는 것이다. 성공한 부자들에게서 '좋은 방법'을 배우자. 오늘부터 내가 실천한 '좋은 방법'이 가정 경제를 윤택하게 할 것이다. 더 이상 아이들이 부모의 실수를 비하와 혐오로 바라보지 않게 하자.

구독자가 68만 명이 넘는 유튜브 채널 '장사의 신'은 자영업자의 좋은 모델이다. '은 대표'가 폐점 위기의 자영업자들을 방문해 진단하고 컨설팅한다. '은 대표'의 도움을 받은 자영업자들과 나(부모)에게서 공통점을 발견했다. 배워본 적이 없다는 것이다. 나(부모)에게 '좋은 모델'이 없었다. 부자가 되고 싶으면 부자를 '좋은 모델'로 삼으면 된다. 나(부모)에게 '좋은 경험'이 없었다. 작은 접촉 사고는 운전을 더 안전하게 할 수 있는 '좋은 경험'이다. 소비, 저축, 투자에 대한 '좋은 경험'이 부(富)의 출발점이다. 나(부모)에게 '좋은 방법'이 없었다. 부자들이 실천한 '좋은 방법'을 찾아 당장 내 것으로 만들자. 아이도 나를 '좋은 모델' 삼아 '좋은 경험'을 쌓을 것이다. 나(부모)의 부(富)를 이룬 '좋은 방법'을 아이에게도 가르칠 수 있을 것이다.

부모(엄마) 경제 공부하기 Tip

1) 내(부모) '경제 문맹 탈출 전략 10가지'를 작성하자.(4Lv)

2) 내(부모) '매일 낭비 일기'를 작성하자.(3Lv)

3) 내(부모)가 '1일 재테크 영상 3개 보고 노트 작성'을 시작하자.(4Lv)

2

가족회의로 경제 상황을 공유하라

: 새끼 혹등고래 구조 작전!

2007년 브라질 리우데자네이루(Rio de Janeiro) 해안에 새끼 혹등고래 한 마리가 떠밀려왔다. 동네 사람들이 고래를 살리기 위해 300명이 넘게 모였다. 인간 사슬을 만들고 24시간이 넘게 '고래 구조 작전'에 들어갔다. 몇 사람이 고래 몸이 마르지 않게 물을 퍼다 날랐다. 몇 명은 모래를 파기 시작했다. 물이 들어왔을 때 쉽게 빠져나가도록 도랑을 미리 파놓은 것이다. 몇몇은 새끼 고래 몸에 밧줄을 매달았다. 배로 끌어당겨 조금이라도 빨리 바다로 돌아갈 수 있게 준비한 것이다. 서로 힘을 합친 끝에 고래는 꼬리를 흔들며 무사히 바다로 돌아갔다.

1) 가족회의로 '물뿌리기'를 시도하라

자녀에게 경제 교육을 할 때 가장 좋은 모델은 나(부모)다. 내(부모)가 먼저 모범을 보이면 아이들은 따로 가르치지 않아도 따라 한다. 안타깝게도 나(부모)는 경제 교육을 따로 받은 적이 없다. 좋은 모범이 되고 싶지만 현실은 생각과 다르다. 나(부모)와 함께 경제를 배울 다른 방법을 찾을 수 있다. 가족회의를 시작해보자. 가족회의로 가정 경제 상황을 아이와 공유하자. 온 가족이 모여 '고래 구조 작전'을 시작하자. 우선 '가족 경제 사슬'을 만들자. 똘똘 뭉치면 곧 '고래를 살려서' 바다로 되돌려보낼 수 있다.

아이들과 함께 '가족 경제 구조 작전'을 계획하자. 가정 경제의 상황을 상세히 알리고 계획을 함께 세워보자. 부채가 있는가? 얼마가 있으며, 매월 지출 금액이 얼마인지 알리자. 가족 예산을 세우고 부모의 급여가 얼마인지도 아이들에게 알려주자. 혹자는 아이에게 부모의 급여를 알리면 무시당하거나 실망할 수 있다며 반대하기도 한다. 정해진 답은 없다. 목적은 '고래 구조 작전'이라는 것을 기억하자. 고래를 최대한 빨리 바다로 돌려보내야 한다. 가족들과 힘을 합쳐 가정 경제를 살리는 것이 최우선 과제다.

'가족 경제 구조 작전' 계획을 세웠으면 가족 구성원의 역할을 분담하

자. 우선 가족회의로 '물뿌리기'를 시도하라. 가족회의가 열리는 요일과 시간을 정하라. 최소 주 1회 이상을 계획해보자. 기억하라. 마을 주민들이 새끼 혹등고래의 몸이 마르지 않게 계속 '물을 퍼다' 날랐다. 양동이를 가져다 물을 길어 계속 고래에게 '뿌려'줬다. 커다란 눈을 깜빡이는 고래가 지치지 않도록 최대한 노력했다. '물뿌리기'는 생명과 직결된다. 고래의 호흡이 끊어지지 않게 도와준다. '물뿌리기'는 가정 경제의 소득과 같다.

내(부모)가 벌어오는 급여로 '물을 뿌리자.' 비상금을 은행에 저축해 받은 이자로 '물을 뿌리자.' 작은 양동이로 퍼 나른 물이지만 거대한 고래를 구하는 데 결정적인 도움이 되었다. 급여가 많지 않아도 살릴 수 있다. 이자가 거의 없어도 상관없다. 고래가 숨 쉴 수 있도록 멈추지 말고 '물을 뿌리자.' 가정 경제가 멈추지 않도록 '물을 뿌리자.' 지치고 힘들지만 멈추지 말자. 곧 바닷물이 들어오고 고래가 헤엄칠 수 있게 될 것이다. 곧 부(富)가 집으로 들어오고 돈을 자유롭게 흘려보낼 것이다.

2) 가족회의로 '모래 퍼내기'를 시도하라

'고래 구조 작전'은 300명이 넘는 주민들이 힘을 합쳐 보여준 기적이다. 가정 경제도 마찬가지다. 온 가족이 가족회의를 통해 힘을 합쳐야 한다. 내(부모)가 '물뿌리기'를 시도하는 동안 아이들이 할 수 있는 것이 무엇일까? 아이들에게도 함께 참여할 수 있는 역할을 부여하라. 가족회의를 통해 '모래 퍼내기'도 계획하라. 아이들의 역할은 '모래 퍼내기'다. 온 가족 지출 규모를 확인하고 긴축 정책에 들어가라. 불필요한 지출을 파악하라. 지출을 최대한 줄이라. 소비를 재점검하라. 아이들도 지출을 줄이도록 훈련하라.

삽을 가져와 퍼내자. 괭이를 가져와도 괜찮다. 어떤 사람은 굴착기를 동원해 '모래를 퍼냈다.'

절제를 훈련하라. 욕구 대신 필요를 따라 소비하라. 필요한 것을 목록에 미리 적어두는 습관을 들이라. 질 좋은 물건을 구매하라. 대체할 만한 물건이 없는지 확인하라. 재활용의 지혜를 모아라. 지금은 '모래를 퍼내는 것'에 집중해야 한다. '모래 도랑'을 만드는 것만 신경 쓰자. 최대한 넓게 퍼내라. 할 수 있으면 깊이 퍼내라. 곧 바닷물이 들어온다. 바닷물이 들어왔을 때 파 놓은 '모래' 도랑에 물이 찬다. 숨쉬기조차 힘든 고래가 일어날 힘을 준다.

'모래 퍼내기'가 고래를 바다로 나갈 수 있게 도와준다. 오늘 '퍼내는 모래'는 크지 않아 보인다. 거대한 고래의 덩치에 비해 '모래 도랑'이 작고 보잘것없어 보일 수 있다. 멈추지 말자. 도랑의 위력(偉力)은 잠시 뒤에 나타날 것이다. 가족회의로 중간 점검을 하라. 수시로 상황을 공유하라.

중간 결산을 통해 '모래가 얼마나 제거'되었는지 공유하라. 얼마나 큰 도랑이 만들어지고 있는지 아이들에게 보여줘라. 고래 주변에 얼마나 많은 양의 모래를 퍼냈는지 아이가 눈으로 확인할 수 있게 보여줘라. 큰 그림으로 '모래 퍼내기'가 얼마나 중요한지 알려줘라.

'가족 경제 구조 작전'의 현재 위치를 아이에게 공유하라. 가족 부채의 현황과 가족 예산, 가족 경제 상황을 정확히 알려줘라. 모래에 물을 가둘 수 없다. 모래는 물을 통과시킨다. 아무리 많은 양의 물을 위에서 부어도 곧 빠져나가고 없다. 아이들의 소비 줄이기가 가정 경제 회복에 도움이 안 되는 것처럼 보일 수 있다. 아무리 아이들이 노력해도 소용없는 것처럼 느껴져 실망할 수 있다. 아이에게 상기(想起)시켜줘라. 목표는 '고래 구조 작전'이다. 내 가족 목표는 '우리 가족 경제 구조 작전'이다. 다음 목표가 무엇인지도 구체적으로 알려라.

3) 가족회의로 '밧줄 매달기'를 시도하라

기억하라. 주민들의 '고래 구조 작전'은 지속됐다. 멈추지 않았다. 바닷물이 들어올 때까지 포기하지 않았다. 오로지 목표는 '새끼 고래를 살려서 바다로 돌려보내는 것'이었다. '물 뿌리기'를 계속했다. '모래 퍼내기'도 동시에 했다. 몇몇은 새끼 혹등고래의 몸에 '밧줄'을 '매달았다.' 모래 위에 배도 대기시켰다. '가족 경제 구조 작전'도 마찬가지다. 가족회의로 '밧줄 매달기'를 시도하라. 아직 물이 들어오기 전에 배를 모래 위에 대기시켜라. 바닷물이 들어오면 배로 줄을 끌어당길 것이다.

가족 경제 상황을 공유하고 지출을 줄이기만 해서는 안 된다. '가족 경제 구조 작전'을 빨리 완성하기 위해서는 어떻게 할까? 내 가족에게 필요한 밧줄은 무엇인가? 미리 준비해야 할 배는 무엇일까? 소득에서 지출을 제외하고 남은 돈으로 투자도 지속해야 한다. 부모가 먼저 투자 경험을 키워야 한다. 투자를 두려워하지 않아야 한다. 아이도 장기적인 투자자가 되기 위해 훈련해야 한다. 아무리 급하다고 고래를 드론으로 들어 올릴 수 없다. 투자도 마찬가지다. 아무리 급하다고 투기를 할 수 없다.

가족회의를 통해 '투자할 상품을 공부'하라. '장기적으로 투자'하라. '분산 투자'하라. '지속적으로 투자' 상품을 사서 모아라. '투자한 기업의 실적을 확인'하고 아이들과 공유하라. 정기적으로 가족회의를 통해 결산하라. 수익률을 확인하고 공유하라. '투자'로 늘어난 수익으로 '재투자'하라. 고래에게 '줄을 매달아' 배로 끌어내면 바다에 더 쉽고 빠르게 도착할 수 있다. '투자'로 얻은 수익으로 '재투자'하면 부(富)의 바다에 더 빨리 도달할 수 있다. 조금만 기다리면 바닷물이 들어온다. '고래 구조 작전'도 끝이 난다.

종종 자녀들을 위해 지출을 아끼지 않는 부모들을 만난다. 가정 경제 규모보다 지나치게 큰 지출로 빚더미에 오른 경우를 접한다. 자녀들이 기죽는 것을 참을 수 없다며 과소비 습관을 키우는 부모들을 본다. 혹자는 약간의 결핍이 어려움을 이기고 스스로 헤쳐 나갈 힘을 키운다고 한다. 가정은 경제 공동체다. 한 마리 '고래 구조 작전'을 위해 마을 사람 300명이 힘을 합쳤다. 고래가 더 빨리 더 멀리 더 깊게 헤엄칠 수 있게 되었다. 한 '가정 경제 구조 작전'을 위해 온 가족이 '가족 경제 사슬'을 만들어야 한다. 더 빨리 더 큰 부(富)를 누리게 될 것이다.

브라질에서 해변으로 떠밀려온 새끼 혹등고래를 구조하려고 사람들이 모였다. 300명이 함께 '인간 사슬'을 만들었다. 역할 분담으로 고래를 바다로 되돌려 보내는 데 성공했다. 가족회의로 '물 뿌리기'를 시도하라. 한 양동이의 물이 거대한 고래를 숨 쉬게 도왔다. 적은 급여라도 포기하지 말고 물을 뿌리자. 가족회의로 '모래 퍼내기'를 시도하라. 가족회의를 통해 수시로 상황을 점검하라. 아이들과 긴축 재정을 시작하라. 물이 들어오면 모래 도랑의 위력을 볼 수 있다. 가족회의로 '밧줄 매달기'를 시도하라. 고래에 밧줄을 매달아 배로 끌어주면 바다에 더 쉽게 도착할 수 있다. 적은 금액이라도 투자하고 발생한 수익으로 재투자하라. 더 빨리 부(富)의 바다에서 헤엄칠 수 있다. 기억하라. 멈추지 않으면 더 깊은 부자의 세계로 갈 수 있다.

우리 가족 경제 회의 Tip

1) 가족들과 '가족회의를 시작하고 가족 (경제) 구조 작전 계획'을 세워보자.(3Lv)
2) 가족들과 '가족 회의록 양식을 만들고 아이가 회의록을 작성하도록' 훈련하자.(3Lv)
3) 가족들과 '가족들의 수익을 최대로 올릴 수 있는 투자 상품 3가지'를 찾아보자.(4Lv)

3

아이의 경제 독립기념일을 계획하라

: 주원이의 은행 중독 처방은?

땅속에서 1~6년, 땅 위에서 2~7주 살다 생을 마치는 생물을 아는가? 바로 매미다. 매미는 나무에서 부화해 땅속으로 들어간다. 매미 애벌레는 땅속에서 짧게는 1년 산다. 보통은 5~6년 동안 산다. 땅 위로 올라오기 전에 4번 허물을 벗는다. 마지막 관문을 통과하기 위해 땅 밖으로 나와 나무에 오른다. 태양과 천적을 피해 나무에 올라 마지막 허물을 벗는다. 매미 성년식이다. 허물을 완전히 벗고 날개가 완전히 마르면 날 수 있다. 완벽한 어른 매미가 된 것이다. 더 높은 나무로 날아올라 목청껏 소리 내며 여름을 지낸다.

1) 아이의 '경제 독립일'을 준비하라

어린아이가 성장해 성인이 되면 경제 활동에 참여할 수 있다. 일할 의사가 있는 만 15세 이상의 인구를 생산인구 또는 생산연령이라 부른다. 보통은 64세까지의 시기다. 생산연령 시기의 성인은 매일 경제활동을 할 수 있다. 일생에서 가장 왕성하게 경제활동에 참여하는 시기다. 한편 이 시기에 큰 금액의 목돈이 필요한 시기다. 대학 진학을 위한 학자금이 필요하다. 사업을 시작하려면 사업자금이 필요하다. 결혼 적령기가 되면 결혼자금도 준비해야 한다. 독립된 가정을 꾸려나가려면 주택자금도 필요하다.

갑자기 목돈을 마련하려면 쉽지 않다. 한국 부모는 자녀들 뒷바라지에 총력을 기울이다 노년 준비를 하지 못한다. 노인 빈곤 인구가 점점 증가한다는 기사를 쉽게 볼 수 있다. 현실을 직시하고 미리 준비해야 한다. 이를 위해 아이의 '경제 독립일'을 정하라. 아이가 부모의 도움 없이 경제적으로 자립할 수 있는 훈련을 시작하라. 매미는 애벌레로 살면서 땅속에서 4번 허물을 벗는다. 허물을 벗는 것은 성장을 의미한다. 허물 속에 갇혀서는 몸집이 더 커질 수 없다. 아이도 마찬가지다. 허물을 벗지 않으면 성장할 수 없다.

가정의 경제적 상황에 맞게 '경제 독립일'을 정하면 된다. 고등학교 졸업일, 대학 입학일, 아이의 성인식날, 첫 취업일 등 다양하게 적용할 수 있다. 중요한 것은 아이가 부모의 도움이 없이 '경제적으로 독립'할 수 있는 날을 정하는 것이다. 유대인의 '바르 미쯔바(Bar Mizavah), 성인식'에서 힌트를 얻으면 좋겠다. '메리츠 자산운용' '존 리' 대표가 제안하는 '1억 원 만들기'를 참고로 해도 좋다. 아이와 함께 앉아 '경제 독립일'을 정해보자. '경제 독립일'을 위해 지금부터 무엇을, 어떻게 준비할 것인지도 의논해보자.

'경제 독립일'은 언제가 좋을지 정하자. 얼마를 모을지도 정하자. '독립일' 이전에는 누가 주도적으로 돈을 관리할지도 의논하자. 가령, 20살 생일까지 '1억 원 모으기'로 정해보자. 아이의 용돈과 투자금을 활용한다. 아이에게 돈이 생길 때마다 엄마와 은행에 가서 입금한다. 특별한 날 생긴 목돈은 주식이나 펀드에 투자한다. 3개월에 한 번씩 계좌를 정리하며 중간 점검도 한다. 필요한 경우, '경제 독립일'의 날짜와 목표 금액을 수정할 수 있다. 아이가 경제적으로 독립할 준비를 하는 과정임을 기억하라.

2) 아이의 '경제 독립일'을 기념하라

매미 애벌레가 마지막 허물을 벗기 위해 땅 밖으로 나온다. 나무 위에 올라가야 한다. 한 번에 목적지에 무사히 도착해야 한다. 천적과 날씨를 잘 살펴야 한다. 뜨거운 태양과 바람을 조심해야 한다. 매미 애벌레는 맑은 날 밤에 나무에 올라간다. 머리에서부터 허물이 갈라지면 매미 애벌레는 꿈틀꿈틀 밖으로 나온다. 허물 밖으로 나온 건 더 이상 애벌레가 아니다. 매미 성충(成蟲)이다. 성년식을 마친 어른 매미다. 마지막 허물을 찢고 나온, 몸집이 커지고 날개도 달린 성충 매미다.

아이의 '경제 독립일'도 매미의 허물벗기와 같다. 마지막 허물에서 나오면 비로소 날 수 있는 몸을 가진다. '경제 독립일'을 통과해야 비로소 성장한다. 세상을 날 수 있는 날개가 달린 어른이 된다. 물론 '경제 독립일'이 자립을 말하는 것은 아니다. 아이의 물리적(공간적)인 독립은 불가능할 수 있다. 성충 매미도 아직 젖은 날개가 마르기를 기다린다. 아이도 마찬가지다. '경제 독립일'이 지나도 젖은 날개가 마를 때까지 시간이 필요할 수 있다. 아이가 숨을 고르며 젖은 날개를 말려 '경제 자립'을 향해 날 수 있도록 기다리자.

잊지 말아야 할 점은 아이가 이미 '경제 독립'을 시작했다는 점이다. 아이와 '경제 독립일'을 기념하자. 축하 파티도 좋다. 이제 아이가 더 이상 부모에게 의존하지 않는다. 기억하자. 재정적 어른이 된 것을 기념하는 날이다. 『살면서 한 번은 짠테크』의 저자 '김짠부' 작가는 27살이다. 친가에 머무는 동안 짠테크를 시작했다. 저축으로 1년에 2,000만 원을 모았다. 결국 20대가 끝나기 전에 '1억 원 모으기'를 달성했다. '김 작가'는 '내 집 마련'을 목표로 재테크를 이어가고 있다. '경제 독립일'을 통과하고 '경제 자립'을 향해 날갯짓을 시작했다.

방송 '〈무엇이든 물어보살〉에 13살 초등 남학생 2명이 출연했다. '주원'이 친구가 상담을 신청했다. '주원'이가 '은행에 중독'되었다는 것이다. '주원'이는 돈을 모으는 것이 재미있다. 용돈을 직접 은행에서 입금하고 통장도 정리한다. 매일 잔액을 확인한다. '주원'이는 통장이 3개다. '부모님 TV 바꿔드리기'가 '주원'이의 목표다. '주원'이는 세계 금융에 대한 해박한 지식도 있다. 나중에 은행원이 되고 싶다. '주원'이가 은행원이 된 날이 '경제 독립일'일까? 아이의 '경제 독립일'을 기념하자. 행복한 '경제 자립'을 위해 높이 날아오를 수 있도록 돕자.

3) 아이의 '경제 미(未)독립일'을 대비하라

인기 프로 〈오은영의 금쪽 상담소〉에 연예인 F씨가 나왔다. 40대 중반을 넘긴 F씨는 부모에게 공과금과 용돈을 받고 있다. 데뷔 후 20여 년 동안 경제적 관리를 아버지에게 의존했다. 신용카드를 사용해 카드빚도 진 상태다. '오 박사'는 F씨와 같은 사람을 '기생충', '기생 자식'이라고 표현했다. '40대가 넘어서도 경제적으로 독립하지 못하고 부모에게 기대는 사람을 일컫는 말'이라고 한다. 심지어 부모의 연금, 노후 자금을 쪽쪽 빨아먹고 사는 사람이라며 '빨대족'이라고 부르기도 한다. 주위에 둘러보면 아직 독립하지 못한 '빨대족'들을 자주 본다.

'경제적 자립' 시기를 놓친 사람들이다. 미리 '경제 자립일'을 계획하지 못했기 때문이다. 입시를 위한 사교육 때문에 경제 교육을 받지 못한 경우가 많다. 조기 경제 교육이 중요하다. 절제와 조절을 배워야 한다. 돈을 관리하는 능력이 중요하다. 잘못된 경제관념은 평생 바뀌지 않는다. 아이의 '경제 미(未)독립일'을 대비하자. 아이가 '경제 독립일'에 독립하지 못했을 때는 어떻게 할지 미리 결정하자. '경제 독립일'을 뒤로 미룰 것인가? 중간 점검 때 '경제 독립일'을 재(再)정의할 것인가? 부모가 결정하지 말고 아이와 함께 의논하라.

미국에 사는 매미 중 '17년 매미'가 있다. 16년 동안 땅속에서 애벌레로 산다. 마지막 17년째 되는 해에 땅 위로 나와 나무에 오른다. 17년 만에 성충이 되는 것이다. 아이도 마찬가지다. 상황과 형편에 따라 '경제적 독립' 시기는 다를 수 있다. 시기가 빠른 것이 성공이고 늦은 것이 실패는 아니다. 애벌레가 성충이 되는 것과 같다. 허물을 벗고 날개가 달린 어른 매미의 모습을 세상에 보이는 것이다. 어떤 종(種)의 매미냐에 따라 다르다. 애벌레 기간이 아무리 길어도 결국 성충이 된다. 높이 날 수 있다. 아이도 마찬가지다.

'경제 독립일'은 다를 수 있다. 아이가 경제적 독립을 하는 날이다. 스스로 자립을 할 수 있는 날이다. 기억할 것은 아이의 경제적인 자립을 함께 준비하는 것이다. '경제 미(未)독립일'은 약속한 날에 '경제 독립'을 하지 못한 것을 말한다. 성장한 자녀라도 '경제적으로 독립'할 시간이 더 필요할 수 있다. 가족과 아이의 '경제 미(未)독립일'에 대비하자. 구체적인 전략을 세우자. 아이 스스로 '인생 계획표'를 세울 수 있게 훈련하자. 최대한 빨리 '경제 독립일'을 맞이할 수 있도록 이끌어주라. 진정한 '경제 자립일'이 부(富)를 스스로 통제할 수 있는 날이다.

매미는 땅속에서 애벌레 상태로 4번 허물을 벗는다. 땅 밖으로 나와 나무에 올라가 마지막 허물을 벗으면 성충이 된다. 몸집이 더 커지고 날개가 달린 어른 매미가 된다. 아이도 허물을 벗어야 경제적으로 성장한다. 아이의 '경제 독립일'을 준비하라. 언제 나무에 올라 허물을 벗고 성충이 될 것인지 계획해보자. 아이의 '경제 독립일'을 기념하라. 아이가 드디어 '경제 독립'을 시작한 날이다. 온 가족이 함께 축하하고 기념 파티도 하자. 아이의 '경제 미(未)독립일'을 대비하라. 미국에 서식하는 17년 매미는 16년간 땅속에서 애벌레로 산다. 늦더라도 '경제 독립'이 가능하다. 아이와 다시 계획하고 훈련하자. 허물을 벗고 날개가 완전히 마르면 부(富)를 향해 자유롭게 날 것이다. '경제 미(未)독립일'이 '경제 미(美)독립일'이 되는 날을 꿈꾸자.

내 아이 독립 기념일 준비하기 Tip

1) 아이의 '경제 독립일'을 정하자.(3Lv)

2) 아이의 '경제 독립일을 목표로 구체적인 계획'을 가족과 함께 세우자.(4Lv)

3) 가족과 '아이의 경제 미(未)독립일 대비 전략'도 미리 세워보자.(5Lv)

4

길어진 노후에 대비하라

: 어미 문어의 노후 생활!

문어의 새끼 사랑은 많은 동물 중에 으뜸이다. 어미 문어가 바위틈에 알을 낳는다. 적으로부터 알을 보호한다. 물이 바위틈에 고여 흐르지 않으면 알이 썩는다. 어미 문어는 물을 직접 알에 뿜어준다. 신선한 산소를 공급하기 위함이다. 알에 이끼가 끼지 않도록 빨판으로 더듬어 닦아준다. 알에서 새끼가 깰 때까지 쉬지 않고 반복한다. 먹지도 않고 알을 돌본다. 심지어 잠도 자지 않는다. 알이 깰 때가 되면 더 힘껏 물을 뿜어준다. 알에서 새끼가 쉽게 빠져나와 적에게서 멀리 갈 수 있도록 돕는다. 너무 지친 어미 문어는 머지않아 죽는다.

1) 노후 대비를 위해 '기출문제'를 살피자

1980년대 말에 시작해 22년 2개월 동안 방영된 최장수 드라마가 있다. 드라마 〈전원일기〉다. 정겨운 농촌의 일상을 따뜻하게 그려낸 드라마다. 기억에 남는 것은 〈전원일기〉에는 지금과 달리 모두 대가족이 등장했다. 3~4대(代)가 한 집에 거주한다. 5~8명의 가족이 한 상에 둘러앉아 식사한다. 농업사회였던 과거 농촌의 모습을 그리고 있는 까닭일까? 마을에서도 어르신을 공경한다. 가정에서도 어르신이 우선이다. 〈전원일기〉 속 시대를 사신 어르신들은 노후를 걱정하지 않았다. 자손(子孫)들이 고향을 떠나지 않고 평생 부모를 봉양(奉養)했다.

지금과는 사뭇 다른 광경이다. 산업의 발달로 농업의 비중이 많이 줄어들었다. 지금은 농촌에서 젊은 사람들을 찾아보기 힘들다. 우스갯소리로 "60대(代)는 어려서 노인정에서 커피 심부름을 한다"고 한다. 연로하신 어르신들만 많은 장수 마을의 한 광경을 묘사한다. 2018년 기준 한국 여성 평균 수명이 86세라고 한다. 혹자는 노인이 노인을 부양해야 하는 시대라고 한다. 이제 노인(老人)이 노인을 돌봐야 하는 시대가 되어 가고 있다. 언젠가 "100세 노인이 자녀에게 집을 물려주면 무슨 소용인가? 자녀도 벌써 70대(代)인데?"라는 말을 들은 적이 있다.

약 10년 전쯤으로 기억한다. 초고령 사회를 앞둔 일본에 관한 기사를 읽었다. 당시 일본의 경우 노인 1인당 1달 최소 생활비가 300만 원이라는 내용이었다. 노인 부부가 함께 살면 1달에 최소 600만 원이 필요하다는 소리다. 노년에 살아가기 위한 금액이 생각보다 너무 많아서 크게 놀랐다. 물론 일본의 상황이라 한국과 똑같지는 않다. 10년 이내 초고령화 사회를 앞두고 있는 한국도 노인 복지가 사회적 문제로 다뤄지고 있다. 개인적인 준비도 철저히 해야 한다. 더 늦기 전에 노후 대비를 위해 '기출문제'를 살피자.

저출산 고령화는 사회적 문제다. 평균수명이 길어지고 출산율이 떨어진다. 경제활동을 할 수 있는 인구가 점점 줄어든다. 자동화와 기계화로 사회는 유지할 수 있다. 경제활동을 할 수 없는 노년에도 필요한 최소한의 생계비는 어떻게 마련할 것인가? 더 이상 남의 이야기가 아니다. 나(부모)의 이야기다. 나의 노년이 불행하면 자녀들도 행복할 수 없다. 나의 노년을 위해 자녀들을 희생시킬 수 없다. 선진국의 '기출문제'를 살펴보자. 초고령 국가의 '노후대책 기출문제'를 확인하자. 노후 대비 '기출문제'를 철저히 살펴야 경제 우등생이 될 수 있다.

2) 노후 대비를 위해 '오답 노트'를 살피자

우등생은 기본에 충실하다. 예습과 복습을 철저히 한다. 시험을 앞두고 공부를 몰아서 하지 않는다. 평소에 차근차근 자신의 실력을 쌓는다.

시험에 대비해 '기출문제'를 꼼꼼히 풀어본다. 문제는 다음이다. 우등생과 그렇지 않은 학생이 구분되는 지점이다. 보통의 평범한 학생은 틀린 문제를 또 틀린다. 기출문제도 똑같이 풀었는데 차이가 뭘까? 우등생은 자신이 틀린 문제들을 확인해 '오답 노트'를 작성한다. 틀린 이유를 점검하고 이해해서 철저히 자기 것으로 만든다. 유사한 문제들을 더 풀어보며 다시 틀리지 않기 위해 반복한다.

경제 우등생이 되고 싶은가? 노후를 철저히 대비하자. 노후 대비 '기출문제'를 꼼꼼히 살폈는가? 경제 우등생을 따라 나만의 '오답 노트'를 작성하자. 틈나는 대로 '오답 노트'를 살피자. 전(前) 미래에셋 부회장 '강창희 대표'의 경고에 귀 기울여보자. '강 대표'는 노후에 '자녀 리스크'를 조심해야 한다고 경고한다. 나이 든 자녀가 독립하지 못하고 부모에게 얹혀사는 '캥거루족'이 부모의 노후 자금을 갉아먹는다는 것이다. '오답 노트'를 준비했는가? 지금 바로 펼쳐서 기록해보자. 다 큰 '자녀(캥거루족) 리스크'를 피하자.

다른 '오답'은 무엇이 있을까? 나(부모)의 노후 준비를 가로막는 것들을 찾아 '오답 노트'에 적어보자. 자녀의 '봉양 기대하기'도 '오답'이다. 현실을 냉정하게 직시하자. 나도 내 부모를 모시고 살 상황이 아니지 않나? 잘 키운 자녀가 나의 미래를 보장한다는 희망에서 벗어나자. '오답'이다.

자녀 교육에 과하게 쓰는 '사교육비'도 다시 생각하자. '사교육비'만 모아도 자녀의 '경제 독립일'을 앞당길 수 있다. 자녀가 경제적으로 빨리 자립할수록 나(부모)의 노후 준비가 훨씬 수월해진다.

'무조건 저축'하기도 '오답 노트'에 기록하자. 저축은 좋은 습관이다. 투자를 위한 종잣돈 마련에도 정기 적금과 같은 저축이 중요하다. '무조건 저축'만 하는 습관이 '오답'이다. 내 통장 안에서 돈이 고여 있는 대신 투자를 잘하면 수익이 커진다. 노후 대비에 훨씬 유리하다. '집에 대한 집착'도 '오답 노트'에 기록하자. 자녀에게 물려줘야 할 재산은 집이 아니다. 돈을 관리하고 경제적 어려움을 해결할 수 있는 돈 관리 능력을 물려줘야 한다. '오답 노트'를 작성하고 수시로 살펴보자. 금융 지능을 높이는 것만이 경제 우등생의 노년을 보장한다.

3) 노후 대비를 위해 '예상 문제'를 살피자

한국 부모들의 자녀 사랑이 어미 '문어'와 많이 닮았다. 자녀를 위해 먹지도 자지도 않는다. 있는 힘을 다해 자녀의 독립을 돕는다. 자녀를 위해 희생하며 자녀 곁에 머무른다. 새끼 문어가 알에서 깨어 밖으로 나오는데 1~3달 걸린다. 어미는 새끼 문어를 위해 모든 에너지를 쓴다. 나(부모)도 마찬가지다. 더 이상 지친 자신을 돌볼 힘이 없다. 자신을 돌볼 경제적 여유도 없으니 큰 문제다. '오답 노트'를 작성하고 수시로 살피는가? 경제 우등생으로 노후를 지내기 위한 준비를 철저히 하자. 이제 '예상 문제'를 살필 차례다.

『연금 부자들』의 저자 '이영주' 작가는 '㈜큐에셋' 대표다. 노년에 10억 원을 가진 부자와 월 500만 원 연금 수령자 중에 누구의 삶이 더 윤택할까? '이 대표'의 설명을 들어보니 비교 자체가 무의미하다. 목돈 10억 원을 가진 부자는 요양병원에서 매월 200만 원 이상씩 병원비로 지출하며 산다. 모아둔 목돈이 줄어드는 것이 보인다. 반면 월 500만 원 연금 수령자는 매월 500만 원씩을 받는다. 이번 달에 500만 원을 다 써도 걱정하지 않는다. 다음 달에 또 500만 원을 탄다. 돈에 구애받지 않아 노년의 삶이 훨씬 윤택하고 풍성하다.

지금부터 내가 할 수 있는 일을 찾자. 나의 노년에 필요한 '예상 문제'를 스스로 만들어보자. 수시로 살피자. 빠진 것은 보충할 수 있다. 더 나은 문제로 수정도 가능하다. 100세 시대를 살아갈 나에게도 새로운 진로가 필요하다. 삶의 보람을 느끼고 사회에 도움이 되는 나만의 일을 찾아보자. 거창하지 않은 일이라도 나의 노년에 경제적 도움이 될 수 있다. 어떤 어르신은 용돈이 떨어지면 젓갈을 담가 장에 내다 파신다. 큰 금액은 아니어도 보람 있고 용돈도 벌며 작은 행복을 누리신다. 어르신에게 얻은 힌트로 나의 노후 '예상 문제'를 준비하자.

'연금' 전문가를 찾아가 상담을 받아보기를 추천한다. '퇴직 연금, 주택 연금, 농지 연금, 개인연금' 등 다양한 상품들이 많다. 나(부모)의 노후에 꼭 필요한 것을 골라 바로 준비하자. 노인들이 함께 모여 지내는 '실버타운 입주' 상담도 추천한다. 부자들을 따라 '건강'을 잘 돌보자. '건강'을 잘 돌보는 것도 중요한 노후 준비다. '텃밭을 가꾸는 것'도 좋다. '묘목을 심는 것'도 근사하다. '악기를 배워 연주에 도전'해보자. 꼭 돈을 만드는 것만 노후 준비가 아니다. 나(부모)에게 행복을 주는 모든 '예상 문제'를 수시로 살피며 경제 우등생으로 살아가자.

문어의 자식 사랑은 특별하다. 어미 문어가 바위틈에 알을 낳는다. 알에서 새끼가 나올 때까지 먹지도 자지도 않고 돌본다. 물을 뿜어 산소를 공급하고 빨판으로 표면을 닦아준다. 새끼 문어가 나오고 나면, 어미 문어는 기운이 없어 곧 죽는다. 한국 부모의 모습이 어미 문어와 많이 닮았다. 자녀에게 모두 내주고 힘없이 죽지 않으려면 노년을 준비해야 한다. 노후를 대비하기 위해 '기출문제'를 살피자. 선진국의 노후 대책 '기출문제'를 확인하고 철저히 준비하자. 노후를 대비하기 위해 '오답 노트'를 살피자. 사교육비, 무조건 저축, 자녀 리스크를 '오답 노트'에 기록하고 수시로 살펴 금융 지능을 키우자. 노후를 대비하기 위해 '예상 문제'를 살피자. 행복한 미래를 가져다줄 '예상 문제'를 파악하면 노년을 경제 우등생으로 살 수 있다.

나(부모)의 노후 대비 Tip

1) 나(부모)의 '1인 기준, 100세 생활에 필요한 총비용'을 계산해보자.(4Lv)
2) 나(부모)의 '1인 매월 500만 원의 연금을 수령하기 위한 준비 방법'을 계획해보자.(5Lv)
3) 나(부모)의 '실버타운 5곳을 조사하고 입주 계획서'를 작성해보자.(4Lv)

5

죽음 준비, 무엇을 남길 것인가?

: 오소리가 남긴 선물!

'수잔 발리(Susan Varley)'의 『오소리의 이별 선물』은 죽음을 다룬 그림책이다. 다른 책과 달리 죽음을 무섭고 무겁게 그리지 않는다. '오소리'는 만능 해결사다. 누구에게나 친절했다. 언제든 도움이 필요하면 도와줬다. 나이가 많아진 '오소리'는 자신의 죽음을 예견(豫見)한다. 자신이 죽고 난 후 남을 친구들을 위해 편지를 쓴다. 의자에 앉아 잠이 든다. 친구들은 '오소리'의 죽음 소식을 듣고 큰 슬픔에 빠진다. 시간이 지나 친구들이 다시 모여 '오소리'를 추억한다. 넥타이 매는 법, 요리법 등 친구들에게 남긴 소중한 것들이 마지막 이별 선물이었다.

1) 죽음을 준비하며 '유언'을 남겨라

이 세상을 살아가는 사람 모두에게 공평한 세 가지가 있다. 하나는 누구든지 하루를 24시간 산다는 것이다. 다른 하나는 누구든지 한 번은 죽는다는 것이다. 마지막은 누구든지 자기가 언제 죽을지 모른다는 것이다. 너무 뻔한 사실이다. 모두가 알고 있다. 너무 당연해서 그럴까? 잘 인식하지 못한 채 살아간다. 나도 모르게 시간이 영원할 것처럼 생각한다. 심지어 어떤 날은 삶이 너무 심심하다고 느낄 때도 있다. 죽음은 나와 전혀 상관없는 것처럼 살 때가 많다. 만약 내 인생에 마지막 1주일이 남았다면 어떻게 하겠는가?

어쩌면 이것마저 사실이 아니라고 부정하면서 시간을 보낼지 모르겠다. 누구든지 경험해보지 않은 것은 낯설고 두렵다. 죽음은 아직 경험해보지 않았기에 낯설고 두렵다. 죽음을 외면하는 사람들이 많다. 죽음을 무섭고 두렵게 느낀다. 누구나 할 수만 있다면 피하고 싶어 한다. 중국의 진시황도 불로장생(不老長生)을 꿈꿨다. 죽음을 오래 연구한 전문가들은 죽음을 직면(直面)해야 삶을 진지하게 대할 수 있다고 조언한다. 죽음에 대해 깊이 고민하지 않고는 삶을 가치 있게 살아갈 수 없다는 것이다.

내 인생의 마지막 1주일이 남았다면? '오소리'가 죽음을 예감하고 가장 먼저 무엇을 했는가? 남아 있는 친구들을 위해 편지를 쓴다. 죽음을 준비하며 '유언'을 남기자. '오소리'처럼 편지 형태의 '유언장'을 작성하자. 매주 혹은 매년 수정해도 괜찮다. 지금이 아니면 '유언'을 남길 수 없을 것처럼 긴박한 마음을 담아 작성하자. 가족과 지인들에게 꼭 하고 싶은 말을 기록해보자. 녹음 파일이나 영상 녹화도 괜찮다. 가장 건강하고 행복한 목소리로 녹음하자. 가장 밝은 모습으로 녹화해두자.

어떤 것을 남기고 싶은가? 어떤 사람으로 기억되고 싶은가? 함께했던 분들에게 감사, 사랑, 화해, 축복의 메시지를 남겨두자. 가장 행복했던 순간도 기록해두자. 장례 절차와 유품 정리에 관한 것도 빼놓지 말라. 이별의 상처가 너무 아프고 크다면 슬퍼해도 괜찮다고 말해주자. 특별히 아이에게 슬픈 감정을 인정하고 맘껏 울어도 된다고 가르쳐주자. 필요할 때는 전문가의 도움을 받으라고 적어두자. 누구에게나 이별은 아프고 슬픈 것이 당연하다. 예고 없는 이별은 상처가 너무 크다. 어린아이일수록 감당하기 어렵지 않겠는가?

2) 죽음을 준비하며 '유산'을 남겨라

SNS에 소개된 글이다. G씨는 A 대학교에 다니다 재(再)도전해 B 대학교에 입학했다. 이혼 후 홀로 자녀들을 키우시던 아버지는 불의의 사고로 돌아가셨다. 아버지는 동네 수학 신동이라 불릴 정도로 명석한 두뇌를 가진 분이셨다. 가정 형편이 어려워 공부 대신 생활 전선에 뛰어들었다. G씨는 학교에서 아버지 또래의 교수들을 볼 때마다 아버지가 더 그립다. 아버지가 아들에게 남긴 유산은 '평생 남을 운동화'였다고 회상한다. 비가 오는 날 아들에게 신고 가라고 손 편지와 함께 놓아둔 운동화다. 아버지는 평생 자식 사랑 하나만으로 사신 분이다.

죽음을 미리 준비했더라면 어땠을까? 죽음 이후의 모습을 예상했더라면 어땠을까? 죽음을 준비하며 '유산'을 남겨라. '유산'은 대체로 남겨놓은 재산을 말한다. 혹은 선조(先祖)의 특별한 문화, 가치관이나 삶의 철학도 '유산'이다. 내 아이가 기대하는 '유산'은 무엇일까? 나는 인생에 마지막 남은 1주일에 어떤 '유산'을 물려줄 계획을 세울까? 곰곰이 생각하고 기록해보자. '유언장'에 기록으로 남겨도 좋다. '유산 상속 계획서'도 미리 작성해두자. 누구라도 이해할 수 있도록 쉽게 작성하자. 꼼꼼하게 기록으로 남겨라.

재산 상속의 경우 미리 상의해서 계획하라. 증여와 상속 중 어떻게 하는 것이 좋은지 전문가의 상담을 참고하라. 절세(節稅)도 알아야 가능하다. 평소에 유언장, 신탁, 보험 증서와 금융자료를 어떻게 보관하고 있는지도 아이에게 알려줘라. 불의의 사고로 부모가 동시에 사망할 경우에 누가 아이들을 돌볼 것인지 아이와 함께 계획하라. 아이들이 경제적으로 자립할 때까지 양육비는 어떻게 할 것인지 정하라. 유언장을 해마다 고

쳐 써라. 유언 집행인도 미리 정해둬라. 아이에게 유언에 대해 미리 설명해줘라.

유언장이 무엇이며, 왜 작성했는지, 어떤 내용이 담겨 있는지 아이가 이해할 수 있도록 설명하자. 아이가 이해하기 어려워하거나 부모의 죽음을 무서워할 수 있다. 부모 외에도 아이를 보호하고 돌봐줄 어른들이 있다는 것을 알려주고 안심시키자. 아이가 '이 책의 부자 가치관'을 갖고 세상을 살아가도록 가르치자. 부모가 어떤 인생관을 가지고 살아왔는지를 가르쳐라. 손자녀에게 위대한 가문의 유산을 물려주자. 부(富)의 관리 능력을 가문의 유산으로 물려주자. 재산보다 유산을 남기는 것이 더 중요하다는 것을 기억하자.

3) 죽음을 준비하며 '가치'를 남겨라

'호사유피(虎死留皮)'를 기억하는가? "호랑이는 죽어 가죽을 남기고, 사람은 죽어 이름을 남긴다."라고 했다. 나는 죽어서 어떤 이름을 남길까? 죽음을 준비하며 '가치'를 남겨라. 이웃에게 도움이 될 만한 '가치'를 생각해보자. 사회가 필요로 하는 '가치'가 무엇일까? '황선미' 작가의 『마당을 나온 암탉』 작품을 살펴보자. 암탉 '잎새'는 알을 낳자마자 빼앗기는 것이 싫었다. 양계장을 뛰쳐나왔다. 마당으로 가서 지내고 싶었다. 수탉의 텃새가 너무 심해 쫓겨난다. '잎새'는 저수지 근처에서 청둥오리알을 발견한다. 배고픈 족제비가 잡아먹은 청둥오리의 알이다.

'잎새'가 알을 품는다. 얼마 후 새끼 오리 '초록이'가 태어났다. '초록'이는 생김새가 다른 엄마 '잎새'를 무시한다. 날지 못하는 엄마가 귀찮다. 어느 날 '초록'이의 발에 끈이 묶여 죽음의 위기에 놓인다. '잎새'의 도움으로 겨우 살아났다. 발에 조금 남아 있던 끈도 '잎새'가 끊어줬다. '초록'이는 목숨 걸고 자신을 도와준 '잎새'를 엄마로 인정한다. '초록'이는 다른 오리들과 함께 고향을 떠난다. 다음 해에 고향에 돌아와 '잎새'를 만나기로 약속했다. '잎새'는 배고픈 족제비의 먹이로 자신을 희생한다. 끝내 '초록'이와 만나지 못한다.

'잎새'가 없었다면 '초록'이는 어떻게 됐을까? '잎새'가 끝까지 도망쳤다면 족제비는 어땠을까? '잎새'는 숙명적인 삶을 거부하고 자신만의 삶을 위해 목숨도 걸었다. 호기심 많고 자기 주도적이다. 어려운 상황에도 꿋꿋하게 살아간다. 남의 알을 품는 포용력, 목숨을 걸고 생명을 지키는 용기가 남다르다. 따뜻한 사랑도 돋보인다. 자발적으로 배고픈 족제비의 먹이가 되는 희생도 중요한 가치로 남았다. 내가 '죽음을 준비하며 남길 가치'는 무엇인가? 가족들과 상의해보자. 나의 '죽음이 이웃과 사회에 어떤 가치'를 남길지 함께 찾아보자.

그동안 모은 재산의 일부를 기부하는 것도 좋다. 가족들의 동의를 받고 사망 보험금을 보육원에 기부할 수 있다. 장기 기증으로 많은 생명을 살릴 수도 있다. 연구를 위해 시신 기증도 가능하다. 미리 가족들과 계획하고 상의할 필요가 있다. 가족들도 마음의 준비를 하면 기쁜 마음으로 나의 '가치'에 동의해 줄 것이다. 갑자기 '오소리'가 죽자 친구들이 너무 슬퍼했다. 시간이 지나 마음이 진정되었다. '오소리'가 남긴 가치가 얼마나 소중한지 깨달았다. '오소리'의 이별 선물에 감사했다. 내가 남긴 가치도 가족과 이웃에게 값진 이별의 선물이 될 것이다.

'오소리'는 죽음을 예감하고 작별 인사를 편지로 남긴다. 아끼던 '오소리'가 죽었다는 것을 알게 된 친구들은 너무 슬펐다. 시간이 지나고 친구들이 다시 모였다. '오소리'가 남긴 이별 선물이 얼마나 값진 것인지 깨닫고 감사하며 기뻐했다. 내 인생에 1주일이 남았다면 어떻게 하겠는가? 갑작스러운 죽음이 모두를 혼란에 빠뜨릴 것이다. 미리 죽음을 준비하자. 죽음을 준비하며 '유언'을 남겨라. 아끼는 사람들에게 감사의 인사를 남기자. 꼭 하고 싶은 메시지도 남기자. 죽음을 준비하며 '유산'을 남겨라. 물질보다 중요한 것은 유산이다. 돈 자체를 남기는 것보다 부(富)를 관리할 힘을 남겨주자. 죽음을 준비하며 '가치'를 남겨라. 내가 남긴 가치가 가족과 이웃에게 값진 선물이 되도록 미리 계획하고 준비하자.

내 아이 부자 마인드 기르기 Tip

1) 부모의 '유언을 담은 마지막 편지(영상, 종이)'를 작성하라.(4Lv)
2) 부모가 '10억 자산을 배우자, 2명의 아이에게 상속 계획서'를 작성해보자.(5Lv)
3) 부모가 '죽음을 준비하며 이웃을 위해 남길 가치 있는 3가지'를 적어보자.(4Lv)

내 아이
부자 만드는
핵심 노트

Part 8. 부자 아이는 똑똑한 부모가 만든다

1 엄마, 경제를 배워본 적 있나요?

1) 나(부모)에게 '좋은 모델'이 없었다
2) 나(부모)에게 '좋은 경험'이 없었다
3) 나(부모)에게 '좋은 방법'이 없었다

2 가족회의로 경제 상황을 공유하라

1) 가족회의로 '물뿌리기'를 시도하라
2) 가족회의로 '모래 퍼내기'를 시도하라
3) 가족회의로 '밧줄 매달기'를 시도하라

3 아이의 경제 독립기념일을 계획하라

1) 아이의 '경제 독립일'을 준비하라
2) 아이의 '경제 독립일'을 기념하라
3) 아이의 '경제 미(未)독립일'을 대비하라

4 길어진 노후에 대비하라

1) 노후 대비를 위해 '기출문제'를 살피자
2) 노후 대비를 위해 '오답 노트'를 살피자
3) 노후 대비를 위해 '예상 문제'를 살피자

5 죽음 준비, 무엇을 남길 것인가?

1) 죽음을 준비하며 '유언'을 남겨라
2) 죽음을 준비하며 '유산'을 남겨라
3) 죽음을 준비하며 '가치'를 남겨라

나부터 경제에 '좋은 경험'을 실천하자.

소비에 '좋은 경험'을 시도하자. 저축에 '좋은 경험'을 늘리자.

어떤 투자가 '좋은 경험'이 될 수 있을지 전략적으로 실천하자.